SCIENCE

岩波科学ライブラリー 278

嗅覚はどう進化してきたか

生き物たちの匂い世界

新村芳人

岩波書店

目　次

イラスト＝川野郁代

第1章　魅惑の香り

> イエスがヘロデ王の代に、ユダヤのベツレヘムでお生れになったとき、見よ、東からきた博士たちがエルサレムに着いて言った、
> 「ユダヤ人の王としてお生れになったかたは、どこにおられますか。わたしたちは東の方でその星を見たので、そのかたを拝みにきました」。……
> そして、家にはいって、母マリヤのそばにいる幼な子に会い、ひれ伏して拝み、また、宝の箱をあけて、黄金・乳香・没薬などの贈り物をささげた。
> （「マタイによる福音書」第２章、『口語新約聖書』日本聖書協会、１９５４）

乳香と没薬

冒頭の引用は、『新約聖書』のキリストの誕生にちなむ有名な逸話で、「金は現世の王、乳香は神、没薬は医師すなわち人間の病気を癒す救世主」を表している（山田憲太郎『香料の道——鼻と舌　西東』）。黄金は、いつの時代も、どこの国でも高貴なものと見なされてきた。だ

から、黄金が現世の王の象徴であることは納得がいく。では、乳香と没薬とはなんだろうか。

乳香と没薬は、どちらも香料である。木の幹からしみ出た樹脂を固めたものだ。

人類は、自然界にさまざまな心地よい香りが存在することに気づいた。香りはすぐに消えてなくなってしまう。ところが、樹脂が固まったものは、常温ではほとんど匂いを発しないけれども、加熱すると融解して中に含まれている香気成分が発散してくる。つまり、香りが保存できるのだ。だから、古代において、香料といえば焚香（ふんこう）であった。

焚香は、宗教的な儀式のために祭壇で用いられた。英語で香水を表すperfumeという言葉は、ラテン語のper fumumが転じたもので、これは「煙(fumum)を通じて(per)」という意味である。古代人にとって香りとは、煙を通じて感じるものだった。焚香から立ちのぼる煙は、天上にいる神と地上にいる人間とを仲介するものと考えられた。

古代エジプトでは、ピラミッドが建設されるよりもさらに１０００年前、紀元前４０００年頃のバダリ文化の墓の副葬品に、香を焚いた痕跡が見つかっている。これが最古の香料使用の痕跡とされる。紀元前３０００年頃のメソポタミアでも、さまざまな香料が使用されていたことが、粘土板に楔形（くさびがた）文字で記されている。紀元前14世紀のツタンカーメン王の墓からは、有名な黄金のマスクの他に、香料を入れる壺が多数見つかっている。１９２２年に発見されたときには、３０００年の歳月を超えて、ほのかに香りが漂っていたといわれる。

乳香は、アラビア半島南部（現在のイエメンやオマーン）と、「アフリカの角」と呼ばれるソマリランド（現在のソマリアやエチオピア東部）に自生するムクロジ目カンラン科ボスウェリア属の樹木（乳香樹）から採取される。中でも、オマーン南部、ドファール地方の山麓地帯に産するものが最高品質とされる。ドファール地方には、かつて乳香の交易で栄えた都市や港湾の遺跡が数多く残っており、「乳香の土地」としてユネスコの世界遺産にも登録されている。紀元前10世紀頃に栄えたシバ王国（イエメンないしエチオピアにあったといわれる）の女王が、イスラエルのソロモン王の智恵の噂を伝え聞き、大量の香料や金、宝石を持参してソロモン王を訪問する話が『旧約聖書』に出てくる。この香料は乳香だと考えられている。ギリシアのディオドロスは、紀元前1世紀に記された著書『世界史』の中で、乳香の土地を「幸福のアラビア」と呼んだ(1)。

乳香樹の幹に切り傷をつけておくと、淡黄色ないし黄褐色の樹液がしみ出してくる。これが空気に触れて固まると、半透明の乳白色の塊になる。火をつけると、はじめは黒い煤（すす）が上がるが、やがて白い煙とともに優雅な甘い香りが立ち昇ってくる。

乳香は、ヘブライ語でレボーナー(lebōnāh)、アラビア語でルバーン(lubān)という。どちらも「白色」ないし「乳白色」という意味である。英語では乳香はオリバウム(olibaum)といい、これはアラビア語のal-lubān(alはアラビア語の冠詞で、英語のtheにあたる)が転じたものだ。ちなみに、レバノン(Lebanon)という国があるが、この国名も「白い」という語に由来している。レバノンの中央には3000メートルを超えるレバノン山脈がそびえており、冬は雪に覆われることからこの名がつけられたのだろう。乾燥した灼熱の荒野がほとんどの中東では、白い雪をいただく山はとても神聖な場所に見えたに違いない。

乳香は英語で、別名フランキンセンス(frankincense)ともいう。これは古フランス語のfranc encensから来ている。francは「真正の」という意味であり、encensとは香を焚いた煙のことだ。つまり、乳香こそが「真のインセンス(焚香)」であり、インセンスの代表である乳香が神の象徴と考えられたのだ。

もう一方の没薬は、ムクロジ目カンラン科コンミフォラ属の樹木から分泌される樹脂で、赤褐色をしている。この樹木(没薬樹)は、アラビア半島南西部やアフリカのソマリランドに自生する棘(とげ)のある木だ。その香りは、山田憲太郎『香料の道——鼻と舌 西東』によれば、「やや刺激性のあるピリッとくるもの」だそうだ。

没薬は英語でミル(myrrh)という。その語源は「苦い」という語で、ヘブライ語のmor、アラビア語のmurrに対応する。このことが示すように、没薬は焚香としてだけでなく、薬としても広く使われた。そのため、没薬は医師、あるいは救世主の象徴とされたのだ。

没薬の薬品としての効果を示すものとして、古代エジプトにおけるミイラの製作がある。古代エジプトではミイラの製法は秘密とされたため、エジプトの史料にその製法は記されていない。しかし、紀元前5世紀にギリシアのヘロドトスがエジプトを旅したときに見聞した記録が、著書『歴史』に残されている。それによれば、まず鼻腔から脳を摘出し、次に脇腹を切って内臓をすべて取り出し、アブラヤシの酒で洗浄したのちに没薬、肉桂（シナモン）などの香料を詰めて縫い合わせるという。没薬は、死体の腐敗臭を消すための香りづけとしての役割とともに、防腐剤としての役割もあった。

ついでながら、日本語の「ミイラ」は、ポルトガル語で没薬を意味するミッラ（mirra）に由来している。16世紀から17世紀に日本語に取り入れられた言葉のようだ。もちろん、ミイラと没薬は違う。だが、当時のヨーロッパではミイラを粉末にしたものが不老長寿の薬と信じられていたため、いつのまにかミイラそのものが没薬と混同されてしまったらしい。ちなみに、「ミイラ取りがミイラになる」という諺があるが、この「ミイラ取り」というのは不老長寿の薬を得るためミイラを探し求める人のことだ[2]。

香油と精油

古代エジプトにおいて、焚香とともに用いられていたのは香油である。香油とは、花びらやハーブをオリーブ油などに漬け込んだものだ。一般に香りの成分は水に溶けにくく油に溶けやすい性質をもっているから、油に漬けておくと香り成分が油に移るのである。古代エジプト人は、さまざまな香りをブレンドしたキフィと呼ばれる香を焚きしめるとともに、香油を自らの身体に塗った。

「クレオパトラの鼻がもう少し低かったら、世界は違うものになっていただろう」と言ったのは17世紀フランスの哲学者パスカルだが、実はクレオパトラはそれほどの美人ではなかったという説がある。

クレオパトラ7世は、プトレマイオス朝エジプト最後のファラオである。当時(紀元1世紀)のエジプトでは、首都アレクサンドリアを中心に、香料産業がさかんだった。特に、バラの香料がローマに向けて輸出されていた。その頂点に君臨する女王クレオパトラは、七か国語を操る才媛であるとともに、香り使いの名手でもあった。クレオパトラは、美貌よりもその豊かな教養と身にまとった香りによって、カエサルやアントニウスといったローマの有力者たちを次々に手玉に取ったという。香料をたっぷりとしみこませた絨毯(じゅうたん)に自らがくるまり、「カエサルへの贈り物」としてカエサルの元へ届けさせ、王宮に入ることに成功したという逸話は有名である。しかし、クレオパトラの奮闘も虚しく、エジプトはオクタヴィアヌス(のちのローマ帝国初代皇帝アウグストゥス)率いるローマ軍に占領され、紀元前30年、275年におよぶプトレマイオス王朝は幕を閉じることになる。

プトレマイオス朝エジプトは、古代ギリシアの文化的後継者であった(「ヘレニズム文化」と呼ばれる)。プトレマイオス朝時代に蓄積された知識や技術は、ローマ帝国では衰退してしまった。しかしそれは、数百年の歳月を経て、エジプトを占領したアラビア人に発見され、8世紀以降のアラビアにおいて「錬金術」として大いなる発展を遂げることになる。

錬金術というのは、鉛や鉄などの卑金属から、金などの貴金属を作ろうとする試みである。

その試みは成功しなかったが、その過程でさまざまな実験装置が発明され、多くの科学的な発見があった。錬金術はアラビア語で al-kīmiyā という。先述したように、al はアラビア語の冠詞で、英語の the に相当する。kīmiyā はギリシア語の khēmia に由来する（khēmia の語源は不明である）。この語がのちに、英語で「化学」を意味する chemistry になった。そして、冠詞をつけたアラビア語の al-kīmiyā は、「錬金術（alchemy）」あるいは「錬金術師（alchemist）」という言葉として英語に残った。

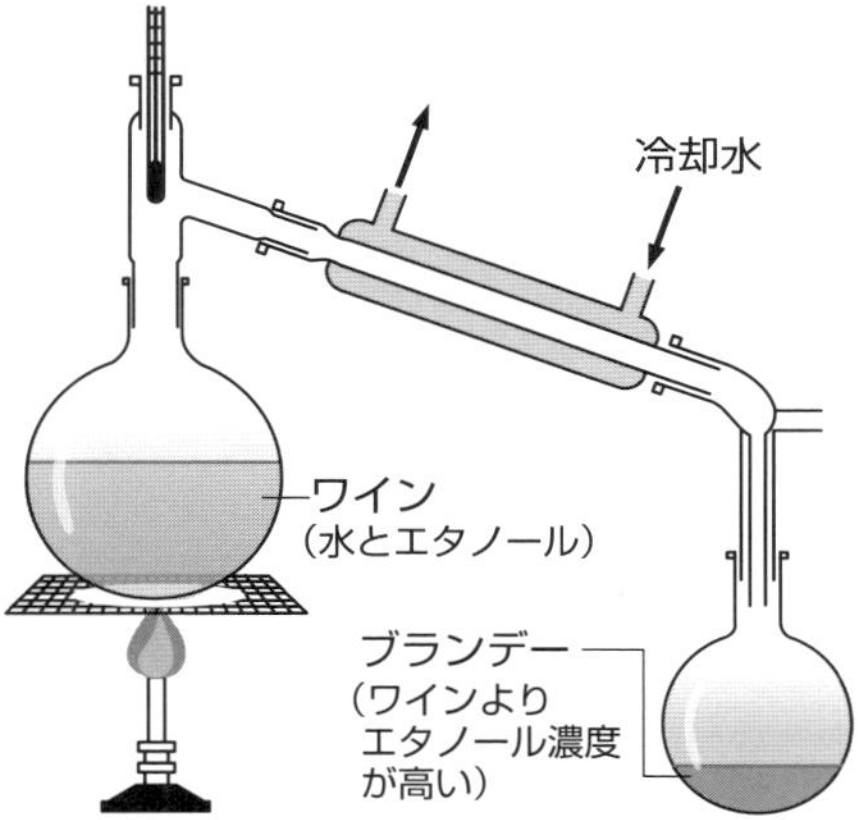

図 1-1　蒸留

アラビアの錬金術は、蒸留という技術を発展させ、洗練させた。蒸留とは、沸点の違いを利用して、成分を分離・濃縮することである。

例えば、フラスコの中にワインを入れ、熱するとしよう（**図1-1**）。ワインの中に最も多く含まれる成分は水であり、その次に多いのがエタノール（エチルアルコール）である。水の沸点が100度なのに対し、エタノールの沸点は78・3度だ。そのため、エタノールの沸点と水の沸点の間の温度でフラスコを温めてやれば、エタノールを多く含んだ気体が得られる。（ただし、水の沸点以下でも水は蒸発するから、エタノールのみの気体が得られるわけではない。）エタノールを多く含んだ気体は図の右側のガラス管に流れていくが、ここは冷却水で冷やされているため、この気体は液体となって右側のフラスコに溜まる。このような作業を何度も繰り返すことによって、エタノールの濃度を高めることができる。（ただし、共沸という現象のため、エタノールの濃度を96％より高くすることはできない。）

このようにしてエタノールの濃度を高めた酒を蒸留酒という。ワインを蒸留すればブランデーができる。

アルコール(alcohol)という語も、「アル」がつくことからわかるように、アラビア語起源である。それでは「コール」とはなんだろうか？　その語源はよくわかっていないが、一説によれば、殺菌剤や眉墨に利用された粉末である khwl に由来するという。この粉末はさらさらしていることから、al-khwl が「水よりもさらさらしている」アルコールを指すようになったということらしい。なお化学では、アルコールはヒドロキシ基をもつ分子の総称と定義されるが、一般にはアルコールといえばエタノールを指す。

蒸留器は英語でアランビック(alembic)というが、ここにも「アル」がついており、やはりアラビア語に由来している。アランビックは16世紀ごろ琉球王国や薩摩に伝えられ、「ランビキ」と呼ばれた。そして、琉球王国や薩摩では、蒸留酒である泡盛や焼酎がさかんに作られるようになった。

　この蒸留技術を改良することにより、アラビア人たちは香り成分を抽出することに成功した。これは「水蒸気蒸留法」と呼ばれる方法である。図1-1で、左側のフラスコの代わりに巨大な容器を考えてほしい。容器の中には水と接触しないような形で籠がぶら下がっており、籠の中に例えばラベンダーの花びらや葉をたくさん入れておく。水を沸騰させると、水蒸気によってラベンダーが蒸され、含まれる香気成分が気体となって出てくる。こうして分離された香り成分を、冷却して集めるのである。

　このようにして抽出された香り成分を精油（エッセンシャルオイル）という。精油は油ではない。しかし一般に、香り成分は水に溶けにくく油に溶けやすい性質をもっていることから、抽出された香り成分は精油と呼ばれる。

　精油は、液体として花びらや葉の中に蓄えられている。例えば、ラベンダーに含まれる香り成分のうち主要なものとして、酢酸リナリルという分子がある。この分子の沸点は100度よりもずっと高く、220度である。したがって、ラベンダーだけを熱した場合、220度まで加熱すれば酢酸リナリルは気体となって分離してくる。しかし、あまり高温にすると、香気成分そのものが壊れてしまい、香りが失われてしまう。

　ところが、酢酸リナリルを水と一緒に沸騰させると、ずっと低い温度（99・6度）で酢酸リナリルは気体になる。それはなぜかというと、酢酸リナリルは水に溶けないため、水と協力して一緒に沸騰してくるためだ。（前に説明したエタノールは水に溶けるため、このようにはならない。)

アラビア人が発明したアルコール精製技術と水蒸気蒸留法は、12世紀以降にヨーロッパに伝わった。精油はアルコールによく溶ける。そのため、さまざまな精油を好みの比率で混合してアルコールに溶かすことにより、香りをブレンドすることが可能になった。こうして、近世以降のヨーロッパで、香水文化が花開くことになる。

水蒸気蒸留法は、設備が比較的簡単でコストが安く、大量の原料を扱うことができるため、現在でも植物から天然香料を得るための主要な方法として利用されている。

精油の収率はきわめて低く、1キログラムのバラの精油を得るためには約5トンもの花が必要である。精油は、全草(すべての部分。ラベンダー、ペパーミント)、花(バラ、ジャスミン)、果実(オレンジ、レモン)、葉(ユーカリ、パチュリー)、豆(バニラ)、幹(サンダルウッド、樟脳)、樹皮(シナモン)、樹脂(乳香、没薬)と、植物のさまざまな部位から抽出される。現在、150種以上もの精油が知られている。

麝香(ムスク)

麝香(じゃこう)を抜きにして香料を語ることはできないだろう。麝香はもっとも希少な香料の一つで、その値段は、昔も今も黄金よりも高価である。

麝香は、ジャコウジカの香嚢(こうのう)から採取される。

植物性の香料は非常に種類が多いのに対し、動物から採れる香料は4種類しか知られていない――それは、麝香（ムスク）、霊猫香（シベット）、龍涎香（アンバーグリス）、そして海狸香（カストリウム）である。人間はなぜか、植物の香りの多くを心地よいと感じる反面、動物の匂いはむしろ不快に感じるようだ。

ジャコウジカはジャコウジカ科ジャコウジカ属の総称で、7種が知られている。小型のシカのような外見をしているが、シカではない。系統的にはシカよりもむしろウシに近い。北はシベリアやモンゴルから、南はミャンマー北部にまで分布している。その中でも、中国の四川省やチベットの山岳地帯に生息するジャコウジカから採れる麝香は、トンキンムスクと呼ばれ、最高品質とされる。

香嚢はオスのみがもつ。下腹部の睾丸の近くにあり、クルミほどの大きさで毛に覆われている。繁殖期になると、強いアンモニア臭をもつ、どろっとしたゼリー状の液体が香嚢の中に分泌されてくる。繁殖期に分泌されることから、麝香はオスがメスをおびき寄せるためのフェロモンだと考えられているが、詳しいことはわかっていない。

ジャコウジカの香嚢そのものの匂いは、およそ心地よい香りからはかけ離れたものだ。香嚢を切り取って乾燥させたものが商品となる。乾燥させた香嚢をナイフで割ると、中から黒っぽい顆粒状のものが出てくる。ごく少量をとりエタノールで希釈すると、甘くて官能的な、えもいわれぬ芳香を呈するようになる。麝香の香りは持続性が高く、麝香が配合された香水をつけると、その香りは最後まで残る。

数多くのジャコウジカが、麝香を採るだけのために殺された。乱獲により個体数が激減し、いずれの種も絶滅の危機に瀕している。現在では、ワシントン条約により麝香の取り引きは一切禁止されている。規制前には、香嚢は1キログラム250万円、中身の純粋な顆粒だけのものは1キログラム800万円の値がついたという。

麝香の「麝」という漢字は「鹿」と「射」から成るが、これは矢を射るように香りが遠くまで及ぶことを表している。英語ではmuskであり、「マスク」と発音する。しかし、香料業界ではふつう「ムスク」といい、これはフランス語(musc)の発音から来ているようだ。muskという語は、サンスクリット語で睾丸を意味するmuṣkaに由来するとされる。(ただし、麝香は香嚢であって、睾丸ではない。)ところがサンスクリット語では、麝香はムスクではなくkastūrīという。そしてkastūrīとは、ギリシア語でビーバーを意味するkastōrに由来するというからややこしい。ビーバーも香嚢をもち、その香嚢(カストリウム)は古代ギリシアの時代から薬として用いられていた。そのため、麝香がインドに入ってきたときに、カストリウムと混同されてしまったようだ。

麝香は、まず薬として利用された。麝香が用いられていたことを示す最初の文献は、中国の後漢時代(25～220年)のものだ。この時代に編纂された『神農本草経』は中国最古の薬物書といわれ、365種の生薬が紹介されている。麝香はその中でも最上級の「上薬」に分類されている。強心、鎮静、鎮痙作用があり、命を養う効果があるとされた。

8世紀までには日本にも麝香が伝わっていた。天平勝宝8年（756年）、聖武天皇の四十九日の法要のときに、光明皇后が東大寺の大仏に60種の薬物を献納した。『種々薬帳』にはそれらの薬物が列記されており、麝香はそのリストの最初に載っている。

アラビア世界では麝香は大いにもてはやされた。イスラーム教の開祖であるムハンマドは香料を好み、香料の中でも麝香がナンバーワンだと言っている。ムハンマドは、啓示を受けて預言者となる前は商人としてシリアへ交易に行っていた。香料も扱っていたはずで、ムハンマドの香料好きはそのためかもしれない。

『聖クルアーン（コーラン）』にも麝香が出てくる。第83章「量りをごまかす人々」には

> 注がれる酒がまた封印付きの最上品で、しかもその封印が、なんと、麝香とは――さ、このような（素晴らしい酒）が欲しいと思ったら、そのつもりで大いに努めはげむがよい――これには特にタスニーム（注：天国の泉の一つ）の（清水）が混ぜてある、お側近くに伺候する方々（注：天使）のお飲みになる（天の）泉の。
>
> （『コーラン（下）』井筒俊彦訳、岩波文庫、1958）

とあり、「正しい信仰をもち、商売でごまかさない人は、天国に行って旨い酒が飲めるぞ」

と説いている。イスラーム教では、天国は麝香の香りに満ちた世界としてイメージされているのだ。

ヨーロッパにいつ麝香が伝わったのか、正確なことはわからない。しかし、古代ギリシアや古代ローマにおいては、麝香はその存在すら知られていなかった。1世紀にローマの大プリニウスが記した『博物誌』(当時知られていた薬を網羅した百科全書)や、1世紀に成立したとされる『エリュトゥラー海案内記』(インド洋周辺の海洋貿易について詳細に記した航海案内書)には、麝香についての記述がまったくないのである。

クレオパトラは身体に麝香を塗りたくって、官能的な香りでカエサルやアントニウスを誘惑した――という話が、さまざまな本やインターネットの記事で流布している。だが、クレオパトラは麝香を知らなかった、というのが本当のようだ。

ジャコウの名のつく生き物

ジャコウジカ以外にも、ジャコウネコ、ジャコウウシ、ジャコウネズミ、ジャコウアゲハなど、「ジャコウ」の名を冠した動物がたくさんいる。ムスクラットというのもいる(なぜかジャコウラットとは呼ばない)。ただし、これらの動物がすべて麝香の香りを発するわけではない。ジャコウアゲハの出す香りの正体はフェニルアセトアルデヒドという分子で、これは麝香とは異なる香りである。

植物ではムスクシード、ムスクローズがあり、どちらも香料として使用される。また、身近な果物の中にも、麝香の名を冠するものがある。それはマスクメロンである。マスクメロンの「マスク」はmuskであってmask(仮面)ではない。マスクメロンの香りも麝香とはまったく違うが、この場合は「強い芳香」というほどの意味で麝香の名が使われている。このことからも、麝香が芳香の代表であることがうかがえる。

龍涎香(アンバーグリス)

龍涎香(りゅうぜんこう)もまた、ロマン溢れる香料である。それは、マッコウクジラの腸内で消化できなかったものが固まって結石となったものだ。だから、龍涎香は、麝香や霊猫香、海狸香とは違って動物から分泌されたものではない。

マッコウクジラの体内で生成された龍涎香は海上を漂い、海岸に打ち上げられる。それが偶然に発見されるか、あるいは捕獲されたマッコウクジラの体内から取り出されたものが香料として使用される。エタノールに少量を溶かし、低温下で半年以上熟成させると、独特の芳香を有する暗褐色の液体になる。

龍涎香(アンバーグリス)は、もともとはアンバル(アラビア語でanbar、英語でamber)と呼ばれていた。しかし、のちにamberが「琥珀(こはく)」を指すようになり、そちらの意味が主流になったため、混同を避けるために「灰色の」を意味するgrisが付加されてambergrisとなった。中国では、「龍の涎が固まったもの」と信じられていたことから龍涎香と呼ばれた。

龍涎香は、古代エジプト、ギリシア、ローマ、さらに古代のインドや中国の文献には出てこない。龍涎香を世界に知らしめたのはアラビア人である。ムハンマドが興したイスラーム教は、破竹の勢いでその勢力範囲を拡大していった。636年、イスラーム軍がチグリス河畔のマダインの宮殿を占領したとき、ササン朝ペルシアのホスロー2世の宝物中に麝香や龍涎香を発見したとあり、アラビア人が龍涎香を知ったのはこの頃だと思われる。

龍涎香は、麝香と並んで、アラビア人が溺愛した香りだった。香料としてだけでなく食用にも使われた。葡萄や桑の実の果実に砂糖を入れ、ローズ水や龍涎香、サフラン、麝香などで香りをつけ、冷たい水で冷やしたシャーベット(アラビア語でシャルバード)が大流行したという。効果のほどは定かではないが、麝香と同様、媚薬としても用いられた。

龍涎香の生成のメカニズムは、当時のアラビア人たちにとって大きな謎だった。「アラビアン・ナイト」としても知られる『千夜一夜物語』には、龍涎香の物語が出てくる。

『千夜一夜物語』は、9世紀頃に各地の説話をまとめて成立したとされる。ペルシアのシャフリヤール王は、信頼していた妻の不貞に遭う。そのため極端な女性不信に陥り、町中の若い娘を宮殿に呼んでは、一夜を過ごしてから翌日に首をはねるということを繰り返していた。ついに、大臣の娘であるシェヘラザードに白羽の矢が立つ。シェヘラザードはその夜、王に興味深い物語を語り、話が佳境に入ったところで「続きはまた明日」といって話を打ち切る。続きを聞きたくなった王は、翌日までシェヘラザードを生かしておく。これを千日続け、ついに王は改心したということだ。

その５６０夜、「船乗りシンドバッドの第六の航海」の一節に以下のような話がある。

……また、天然のままの龍涎香の泉もあって、灼くような太陽の熱に温められ、この龍涎香の泉水は蠟かゴムのように、岸から溢れ出て、海辺へ流れくだりました。すると、深海の怪物どもが出てきて、これを飲んでは、海へ引き返していきます。けれども、龍涎香は胃袋の中にはいると、焼けて熱くなります。そこで、怪物どもはこれをはき出してしまうのですが、はき出された龍涎香は水面で凝結し、色も嵩も変わって、最後には岸にうちあげられます。すると、旅人や商人がそれと知って、これを拾い集め、売り物に出すわけです。

けれど、怪物のお腹にのみくだされない天然の龍涎香はどうなるかといいますと、水路から溢れ出て、いったん岸で凝結しますが、太陽に照りつけられると、ふたたび溶けて、谷間の隅々まで、麝香さながらの馥郁とした芳香を漂わせるのです。それから、太陽の光線があたらなくなると、またもとどおりに凝集してしまいます。しかし、四方八方から島をとり巻き、人間の足ではとても登れない山々があるため、天然龍涎香のある場所へはだれも近よれないのです。

（『バートン版千夜一夜物語 7』大場正史訳、ちくま文庫、２００４）

19世紀後半に近代捕鯨が始まると、約1％の確率でマッコウクジラの体内から龍涎香が見つかるようになる。また、龍涎香の中から、コウイカやヤリイカの嘴（くちばし）が見つかることがよくあった。そこで、マッコウクジラが飲み込んだ餌の残滓（ざんし）が、腸からの分泌物と一緒になって結石が生成されるという説が提唱された。しかし、龍涎香生成の詳細なメカニズムは、現在でもよくわかっていない。

　現在では捕鯨は禁止されているため、かつてのように、海岸に偶然打ち上げられたものを発見する以外に龍涎香を手に入れる方法はない。２０１２年に、イギリスの8歳の少年が６００グラムほどの龍涎香を海岸で偶然に発見し、５００万円の価値があると鑑定された。これまでに人間の胴体よりも大きいものも見つかっている。もし発見したら、億万長者になれるかもしれない。

　なお、マッコウクジラのマッコウは「抹香」、つまり粉末にしたお香のことだ。だから、マッコウクジラという名は、その体内から龍涎香が採れることがわかってからつけられた名前である。

　マッコウクジラは英語ではsperm whaleという。spermとは精液のことだ。なぜこんな名前がついたかというと、マッコウクジラの頭部に鯨蠟（げいろう）と呼ばれる白濁した油脂が詰まっていて、これが精液に似ているためだ。鯨蠟は、ろうそくの原料や機械の潤滑油として利用されていた。

マッコウクジラに限らず、多くのクジラから油（鯨油）を採取することができる。かつてクジラが乱獲されたのは、肉ではなくこの鯨油を採るためだった。その結果、個体数が激減し、国際的に捕鯨が禁止になったのである。捕鯨禁止の背景には、石油が鯨油に取って代わり、かつてさかんに捕鯨を行っていた欧米諸国がもはやクジラを捕る必要がなくなったことがある。

霊猫香（シベット）

霊猫香（れいびょうこう）は、ジャコウネコの会陰腺（えいんせん）から採取される。会陰腺からの分泌物は強烈な匂いを発する。ジャコウネコはこの分泌物を岩や倒木などにこすりつけて、種内のコミュニケーションに用いている。

ジャコウネコはジャコウネコ科に属する動物の総称で、34種ほどが知られている。ネコではないが、ネコと同じ食肉目・ネコ亜目に属するので、ネコの遠い親戚にあたる。アジアとアフリカの低緯度地域に分布する。日本に生息しているハクビシンもジャコウネコ科の仲間だ。ただしハクビシンは、台湾から持ち込まれた外来種だと考えられている。

インドネシアでは、ジャコウネコ（マレージャコウネコ）にコーヒー豆を食べさせ、消化されずに糞として排泄されたものを洗浄して、コピ・ルアク(Kopi Luwak)というコーヒーとして販売している。Kopiはインドネシア語でコーヒー、Luwakはジャコウネコのことだ。コピ・ルアクはコーヒーの最高級品で、日本で飲むと、一杯8000円もするところもあるという。

マレージャコウネコは、食肉目とはいえ果実が主食であり、コーヒーの実を好んで食べる。コピ・ルアクがなぜ美味しいかというと、単に、ジャコウネコが十分に熟したコーヒーの実を選択的に食べるかららしい。(ジャコウネコの腸内にある消化酵素の働きにより、独特の香味が加わるという説もある。)

霊猫香が採取されるのは、ジャコウネコのうち、サハラ以南のアフリカに生息するアフリカジャコウネコだけである。エチオピアでは、このジャコウネコを飼育し、霊猫香を採取している。肛門にヘラを突っ込んで、会陰腺からペースト状の分泌物を掻き出す。麝香と同様、エタノールに溶解させて香料とする。強い糞便臭をもつが、希釈すると芳香を呈するようになる。有名な香水である「シャネル№5」にも霊猫香が調合されている。

霊猫香は、麝香とは違って継続的な生産が可能なため、ワシントン条約による取り引きの規制はされていない。しかし、採取方法が残酷だとして動物愛護団体から非難されている。

日本の香り

日本語の「におい」も「かおり」も、元は嗅覚についての言葉ではなかった。「匂う」は、元来、色が美しく映えるという意味である。ニホフの「ニ」は「丹」であり、赤色の意味である。「ホ」は「秀」であり、際立つということだ。カヲルのほうは、元来は煙や霧が立ちこめ、漂うことだった。どちらも視覚に関する語だったのである。

では、古代人は匂いを表すためにどのような言葉を使っていたのだろうか。それは、カ(香)という一音節の語であった。カは、主に植物の香りについて言うときに用いられた。古代の日本では、梅や橘の香りが賞賛されたのだ。

日本に外来の香料が伝わったのは、6世紀の仏教伝来のときである。『日本書紀』には、推古天皇3年(595年)に、淡路島に香木が漂着したことが記されている。

> 三年の夏四月に、沈水、淡路嶋に漂着れり。その大きさ一囲。嶋人、沈水といふことを知らずして、薪に交てて竈に焼く。その烟気、遠く薫る。則ち異なりとして献る。
>
> (『日本書紀(四)』坂本太郎ほか校注、岩波文庫、1995)

ここでいう沈水は「沈水香木」のことで、ふつう沈香と呼ばれる。島民が沈香を火にくべたところ大変良い香りがしたので、驚いて朝廷に献上したというのである。

中国では、香といえばもっぱら焚香（インセンス）であった。中でも沈香こそが香の代表とされ、「沈すなわち香」といわれていた。

沈香は、東南アジアに産するジンチョウゲ科アクイラリア属の樹木の幹にごくまれに生じるものである。樹木に外傷などの刺激が加えられたときに、その部分に樹脂が沈着し、凝集する。この凝集した部分が沈香である。原木は軽くて水に浮くが、樹脂が沈着すると水に沈むようになることから、「沈香」と呼ばれる。原木自体に香りはない。密林の中で樹木が倒れて土の中に埋没すると、樹木の大部分は朽ちてしまうが、樹脂が凝集した沈香の部分はいつまでも残る。沈香は、ある種の細菌の作用により、長い年月をかけて生成されるものと考えられているが、人工的に作り出すことはできない。

チャンパ（ベトナム中部）産のものがもっとも品質がよいとされ、伽羅と呼ばれる。この言葉は、サンスクリット語のkāla（黒）に由来する。樹脂の凝集度が高い高品質のものほど色が黒いためである。

奈良の東大寺正倉院には、重さ11・6キログラム、全長1・5メートルもの巨大な沈香、「蘭奢待」が収蔵されている。（この名の中には「東大寺」の文字が入れ込まれている。）蘭奢待は、天下無双の名香と謳われた。時の権力者によって削り取られた跡が何か所か残っており、足利義政、織田信長、明治天皇が切り取ったとする記録がある。

平安時代になると、貴族の間で雅やかな香り文化が花開いた。この時代の香の主流は、

「薫物」であった。薫物とは、沈香を中心に、白檀や丁子、麝香などの香料を粉末にして配合し、梅肉や蜂蜜と混ぜ合わせて練り固めたものだ。各自がオリジナルの薫物を調合し、衣服に焚きしめた。『源氏物語』は香りの物語として知られ、薫物作りの詳細な手順や、「薫物合わせ」というゲーム（各自が調合した薫物を焚き、香りを品評して優劣を競う）の様子についての記述がある。

『源氏物語』は全部で五十四帖あるが、最後の十帖は光源氏の死後の物語で、「宇治十帖」と呼ばれる。宇治十帖に登場する二人の主人公の名は、匂宮と薫という。紫式部は、源氏物語の最後に「におい」と「かおり」を登場させたのである。このことからも、紫式部の香りに対する強いこだわりが見てとれる。

香道

鎌倉時代になり、武家の世の中になると、数ある香料の中からもっぱら沈香一種のみが焚かれるようになった。武家はこぞって沈香を収集した。

沈香の分類法が確立され、木所（産地）に応じて伽羅、羅国、真那賀、真南蛮、寸聞多羅、佐曽羅の六国に分類された。伽羅はベトナム産の最高級品である。羅国はタイ産、真那賀はマラッカ産、真南蛮はインド東海岸のマラバル産、寸聞多羅はスマトラ産、佐曽羅は不明だが一説によるとインドのサッソール産である。しかし実際には、それぞれの香木の産地がわかっていたわけではなく、香りの印象に基づいて分類されていた。香りを言葉で表現するのは難しい。そこで、その分類には甘・酸・辛・苦・鹹（塩辛い）という味覚の表現が援用された。羅国は甘、真南蛮は酸と苦、という具合である。（六国に五味をどう当てるかは、流派によって異なる。）

室町時代中期、八代将軍足利義政を取り巻く東山文化サロンの中で、茶道・華道とならんで香道（こうどう）が誕生する。三條西実隆（さんじょうにしさねたか）を開祖とする公家風の優雅な御家（おいえ）流と、志野宗信（しのそうしん）を開祖とし、武家の格式を重視する志野流の二つの大きな流派がある。

香道では、香りを「聞く」といい、香りを聞くことを「聞香（もんこう）」という。聞香は、単に匂いを嗅ぐのとは違う。香炉に灰と炭団（たどん）を入れて灰を盛り上げ、その上に雲母板を載せ、極小片に切り取った沈香を柔らかく温めて、立ち昇ってくる深遠な香りの世界を探訪するのである。香道には、「一炷聞（いっちゅうぎき）」という純粋に香りを愛でる楽しみ方もあるが、「組香（くみこう）」はそれに遊技性、競技性を加味したもので、文学を背景とした香り当てゲームである。和歌、物語、四季の風物などを主題としたさまざまな組香が考案されている。その中でも有名なのは「源氏香」である。

源氏香の遊び方は以下の通りだ。まず、5種類の香を5包みずつ、合計25包み用意する。香元はその中からランダムに5包みを抽出し、それぞれの香を焚く。香席の参加者はまず、配られた紙に5本の縦線を引く。各参加者は、5つの香を順番に一つずつ聞いていき、どれ

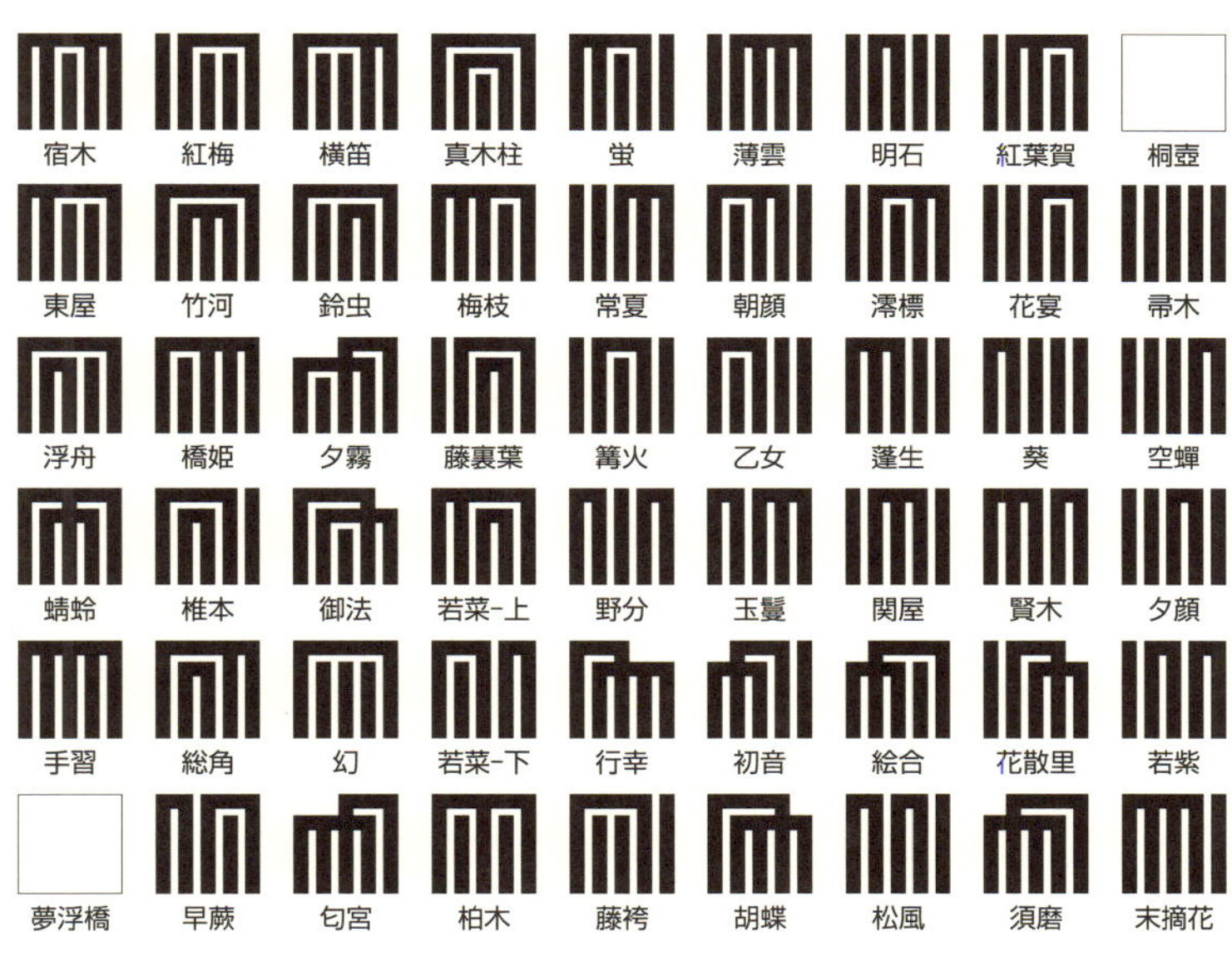

図1-2　源氏香之図

とどれが同じで、どれが異なる香かを判断する。もし、5つの香のうち、1番目と3番目が同じ、2番目と4番目が同じで、5番目はどれとも異なると思ったら、右から1番目と3番目、2番目と4番目の縦線同士を横線で結ぶ。そうしてできあがった図形を源氏香之図(**図1-2**)から探すと、「花散里」となる。

5本の縦線を結ぶパターンは、全部で52通りある。源氏物語は全部で54帖なので、最初の「桐壺」と最後の「夢浮橋」を除き、残り52帖をそれぞれのパターンに対応させているのである。

縦線が4本ならそのようなパターンは15通りしかないから物足りなく、

6本なら203通りもあって複雑すぎる。52通りの中から一つの正解を当てなければならないから、適度に難しいのだ。源氏香は実に巧くできている。源氏香が確立したのは江戸時代初期と考えられ、その背景には和算の発展もあったようだ。

源氏香之図はデザインとしてもシンプルで美しく、奥深い。着物の柄や蒔絵の文様、家紋などにも利用されている。

ただし、巻名と図柄の対応関係がどのようにして決まっているのかは不明である。もしかしたら、何かの暗号が隠されているのかもしれない。

ここまで香り文化を洗練させ、芸道にまで昇華させたのは、世界でも類を見ない。気軽に参加できる香道体験もあるので、読者のみなさんも、幽玄の香りにしばし身を委ねてみてはいかがだろうか。

注

(1) イエメンでは2015年にクーデターが起き、それが引き金となって内戦が勃発した。サウジアラビアが中心となって空爆を行い、国土は破壊され、数百万人が深刻な飢饉に陥った。2018年現在、イエメンは幸福からはほど遠い状況にある。

(2) 「ミイラ取りがミイラになる」という諺は英語などの外国語から翻訳されたものではなく、純国産である。意外に歴史が古く、江戸中期、1766年初演の人形浄瑠璃『本朝二十四孝』にも出てくる。

第2章　匂いをもつ分子

感覚に快く感ずるものと、接触して不快に感ずるものとは、相似ていない形態にできている全く相反対な原子である。……或いは又、不快な死体が腐っている時と、演技場がキリキア産のさふらんを振り撒いたばかりの時と、傍の祭壇がパンカーイア島産の香の香（かおり）を放っている時と、同じ形態の原子が人間の鼻に滲透して来るのだと考えてはならない。……

即ち、（君の）感覚を和（やわらげ）るような（物）は何を問わず、すべて或る程度の滑かさを持った原子から成り立っていないものはないからである。ところが、これに反して、不快な、あくどいものはすべてその素材（の原子）に或る粗雑さのあることが明らかである。

（ルクレーティウス『物の本質について』樋口勝彦訳、岩波文庫、1961）

紀元前1世紀のローマの詩人ルクレーティウスは、その詩の中で、古代ギリシアのエピクロス派の思想を紹介している。彼らは、とげとげの「原子」が鼻に入ってくれば不快な匂いを生じ、滑らかな「原子」であれば心地よい香りが生じると考えた。(ただし、その当時「原子」の実体が何かはわかっていなかった。)

なぜ、ある匂いは心地よく感じられ、別の匂いは不快に感じられるのだろうか。そもそも、匂いとはなんだろう?

匂いとは何か

匂いは感覚である。そして、匂いの感覚を引き起こすものは分子である。例えば、フェネチルアルコールの分子が鼻に入ってくれば、それは脳で「バラの香りだ!」と解釈されるだろう。

分子そのものが匂いをもっているわけではなく、脳でそのように感じられるということだ。これは、光と色の関係と同じである。かのアイザック・ニュートンは、著書『光学』の中で、「光線に色はついていない」と述べている。(万有引力の発見で有名なニュートンは、光の研究もしていたのだ。)つまり、「分子に匂いはついていない」。それを念頭においた上で、ここでは「匂いの感覚を引き起こす分子」のことを、「匂いをもつ分子」、あるいは「匂い分子」と呼ぶことにしよう。

すべての分子が匂いをもつわけではない。では、匂いをもつ分子(匂い分子)とはどのようなものだろうか?

まず、匂い分子は空気中を漂って、私たちの鼻に到達しなければならない。したがって、匂い分子は、通常の環境(1気圧、常温)で気体でなければならない。分子量(分子の大きさ)が小さいほど気体になりやすいので、匂い分子の多くは比較的分子量が小さい。

匂い分子のうちもっとも小さいものは、分子量17のアンモニアである。アンモニアは、鼻の奥がツーンとするような刺激臭をもつ。これは嗅神経で感じる純粋な匂いではなく、匂いの感覚に、三叉(さんさ)神経への刺激による一種の痛覚が加わったものだ。そのため、嗅覚を失ってしまった人でも、アンモニアの刺激臭を感じることができる。

一方、匂い分子の分子量の上限は約350である。ごく弱い匂いをもつ分子まで含めると、分子量389のインドール・ヒドロキシシトロネラール・シッフベースなどもある。

分子量が17から350の間で、常温で気体になる分子でも、匂いがあるとは限らない。地球の大気に含まれる主な成分は窒素(78・1%)、酸素(20・9%)、アルゴン(0・9%)、そして二酸化炭素(0・03%)だが、これら4種類の気体はいずれも匂いがない。不完全燃焼のときに発生する一酸化炭素も、匂いをもたない。一酸化炭素は、酸素の代わりにヘモグロビンに結合して酸素欠乏状態を引き起こすため、きわめて危険な気体である。

メタン、エタン、プロパンなどの分子も無臭である。メタンはどぶから発生し、おならにも含まれているから臭そうなイメージだが、実際には匂いはない。どぶやおならが臭いのは、同時に発生する別の分子のためだ。メタン、エタン、プロパンは都市ガスの主成分であり、本来、都市ガスには匂いがない。しかし漏れると危険なので、ごく低濃度でも感知できる、ジメチルスルフィドやブチルメルカプタンなどの匂い分子を人工的に添加してある。

なお、二酸化炭素は人間にとっては無臭だが、昆虫や哺乳類の多くは二酸化炭素の匂いを感じることができる。蚊は、二酸化炭素濃度のわずかな変化を感知して獲物を見つける（獲物が発する体臭や体温の情報も利用している）。またマウスは、ヒトにはない二酸化炭素センサーの細胞をもっており、通常の空気と、二酸化炭素濃度が2倍程度の空気を区別することができる。

有機物の匂い

大部分の匂い分子は、炭素（C）、水素（H）、酸素（O）、窒素（N）、硫黄（S）から構成された有機物である。[1] これらの元素は、生物を構成する主要な成分でもある。それはなぜかというと、匂いは、生物が存在することのシグナルだからだ。嗅覚は、餌を見つけ、外敵から逃れ、他の個体とコミュニケーションするために使われるから、その対象は生物なのである。

もちろん、人工的に合成された分子で、匂いをもつものもたくさんある。しかしそれは、本来は天然に存在する匂い分子を検出するための嗅覚システムが、自然界に存在しない分子にたまたま反応したにすぎない。

硫黄を含む分子（含硫化合物）は、悪臭をもつことが多い。硫黄そのものに匂いはない。「硫黄臭」「腐卵臭」「温泉の匂い」などと称される匂いは、硫化水素の匂いである。都市ガスに人工的に添加されているジメチルスルフィドとブチルメルカプタンは、どちらも硫黄を含む。ブチルメルカプタンは、スカンクの「おなら」(肛門嚢からの分泌物)の主成分でもある。

含硫化合物は一般に、ごく低濃度でも感知することができる。例えば、アミルメルカプタンという含硫化合物は、0・0000078ppmにまで薄めても人間は感知できる。1ppmは100万分の1だから、この濃度は1兆分の1よりももっと薄い。東京ドーム(124万立方メートル)の中にわずか1ccのアミルメルカプタンのガスを撒いただけで、東京ドーム全体がにおってしまうのだ。人間の鼻も意外に捨てたものではない。

無機物の匂い

無機物(有機物ではない物質)の中にも、例外的に匂いをもつ分子がある。

フッ素、塩素、臭素といったハロゲン元素は、いずれも強い刺激臭をもつ。臭素は、その名の通り強烈な不快臭を発する。英語ではbromineといい、ギリシア語で「悪臭」を意味するbromosに由来する。

もう一つ、匂いにまつわる名前をもつ元素がある。それはオスミウム(osmium)で、ギリシア語で「匂い」を意味するosmēから命名された。オスミウムを加熱すると生じる四酸化オスミウムが特有の刺激臭を放つためだ。

また、リンとヒ素はにんにくのような匂いをもつ。ジボランというホウ素を含む分子は、独特の甘い香りがするという。ジボランは非常に爆発性が強く、ロケットの推進剤として使われる。なお、ここに出てきた匂いのある無機物はすべて猛毒なので、どんな匂いがするか試しに嗅いでみよう……などとは夢にも思わない方がいい。

鉄棒やコイン、鍵などを触ったときに、手に「金属臭」を感じたことはないだろうか。でも、鉄の沸点は2862度で、常温で鉄は気体にならないから、鉄が匂いをもつはずがない。ではいったい、あれは何の匂いだろうか?

2006年にドイツの研究グループが、この謎に挑むべく実験を行った。彼らは、人工の汗で湿らせた手で金属の鉄や鉄イオン(Fe^{2+})溶液に触れたときに発生する物質を、ガスクロマトグラフィーという手法で分析した。

その結果、アルデヒドやケトンなどのさまざまな分子が検出され、その中に1-オクテン-3-オンという分子が含まれていた。1-オクテン-3-オンは、「マッシュルーム臭」「金属臭」「血液臭」などと称される、ごく低濃度でも感じられる匂いをもつ。鉄に触れたときに金属臭が発生するメカニズムは、手のひらの汗が金属表面に鉄イオン(Fe^{2+})を生成させ、その鉄イオンが皮膚表面にある皮脂と反応して1-オクテン-3-オンなどの匂い分子を発生させることにある。鉄イオンは反応性が高いため、この反応はただちに起きる。

つまり、「金属臭」と呼ばれているものの正体は、一種の体臭だったのだ。鉄に触れた直後にこの匂いが発生するため、鉄そのものの匂いだと錯覚してしまうというわけだ。

さまざまな匂い分子

図2-1に、さまざまな匂い分子を示した。分子構造は分子の形を示したもので、ここに多くの情報が含まれている。（図ではほとんどの炭素Cと水素Hが省略されている。元素記号のない頂点には炭素があり、それぞれの炭素には適当な数の水素が結合していると見なす。）しかし、化学が苦手な人は、細かいところは気にせずにただのデザインだと思って眺めていただければよい。

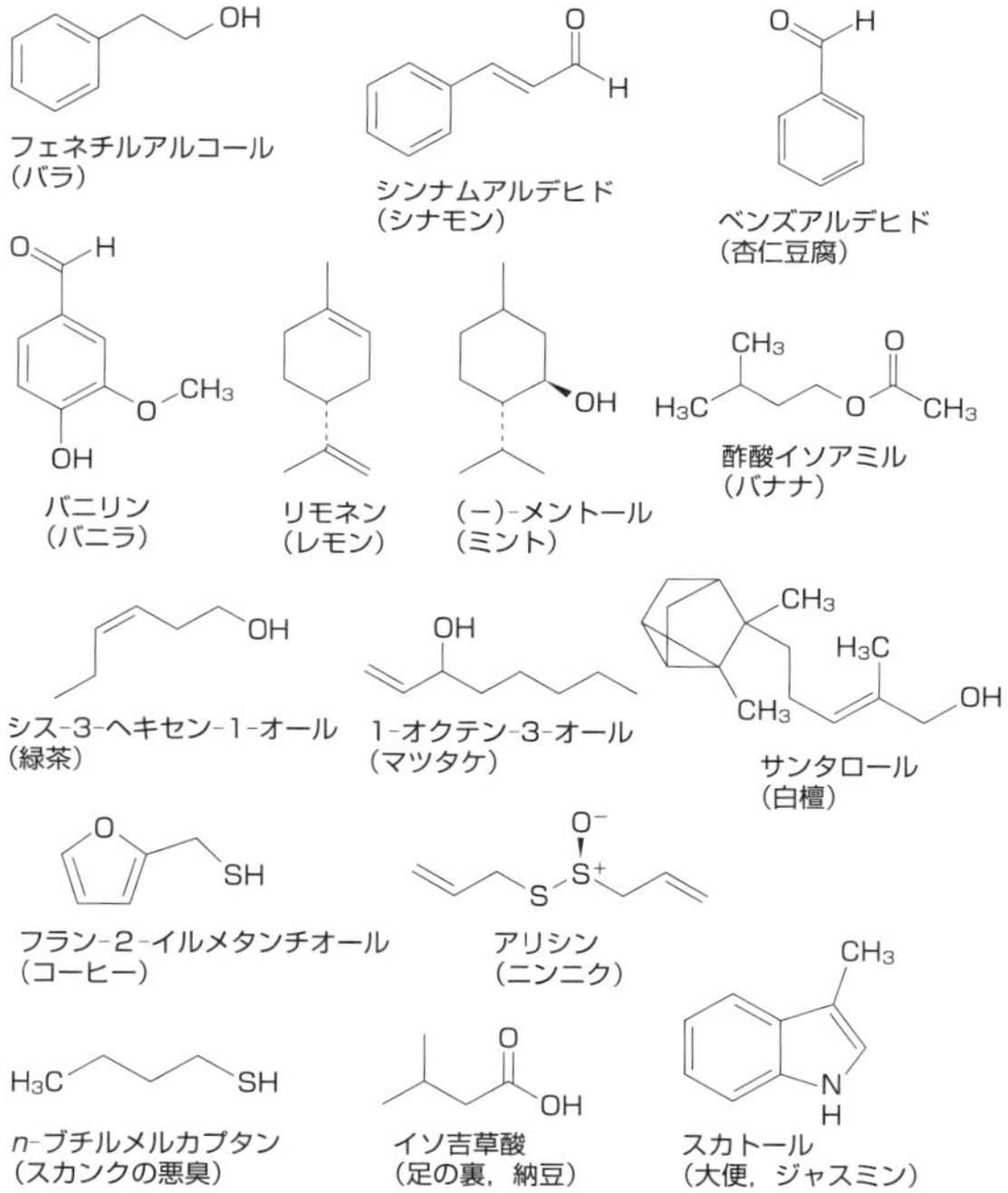

フェネチルアルコール（バラ）
シンナムアルデヒド（シナモン）
ベンズアルデヒド（杏仁豆腐）
バニリン（バニラ）
リモネン（レモン）
(−)-メントール（ミント）
酢酸イソアミル（バナナ）
シス-3-ヘキセン-1-オール（緑茶）
1-オクテン-3-オール（マツタケ）
サンタロール（白檀）
フラン-2-イルメタンチオール（コーヒー）
アリシン（ニンニク）
n-ブチルメルカプタン（スカンクの悪臭）
イソ吉草酸（足の裏，納豆）
スカトール（大便，ジャスミン）

図2-1　さまざまな匂い分子

私たちの身の回りにあ

るものから発せられる匂いは、さまざまな分子の匂いが複雑に混じり合ったものだ。一種類の分子だけを嗅ぐ機会は(実験室以外では)ふつうはない。例えば、一杯のコーヒーから発せられる香気成分には約300種類もの匂い分子が含まれている。私たちはそれらの匂いが混じったものを「コーヒーの匂い」として認識しているのだ。その中には、「コーヒーらしさ」にとって重要なキーとなる匂い分子が何種類か含まれており、図2-1のフラン-2-イルメタンチオールもそのような分子の一つだ。この分子は硫黄を含んでいるにもかかわらず、臭くはない。

同じ匂い分子でも、濃度によって異なる匂いとして感じられる例もある。図2-1に示したスカトールは、哺乳類の糞が放つ悪臭の主成分で、いわゆるウンチの匂いがする。ところが、この匂いを薄めていくと、甘い花の香りに変わるのである。実際、ジャスミンやオレンジの花には低濃度のスカトールが含まれているし、微量のスカトールが配合されている香水もある。

匂いと分子構造の関係

おおざっぱに言うと、分子の構造と、その分子がもつ匂いとの間には関連性がある。例えば、ベンゼン環(図2-1のフェネチルアルコールやベンズアルデヒドの六角形の部分)をもつ分子はまとめて「芳香族」と呼ばれるが、その名の通り、これらの分子は甘い芳香をもつものが多い(ただし、すべてではない)。

あるいは、脂肪が分解してできる脂肪酸と呼ばれる一群の分子は、不快な匂いをもつものが多い。脂肪酸の匂いは、分子に含まれる炭素の数によって変わる。炭素を2個含むものは酢酸で、これはお酢のことだ。ところが、炭素を4個含む酪酸(らくさん)は、踏みつぶした銀杏(ぎんなん)のような悪臭がする。酪酸は、銀杏やバター、チーズなどに含まれている。炭素の数が5個の吉草酸(きっそうさん)になると、蒸れた靴下や足の裏のような不潔な匂いがする。炭素数8のカプリル酸や、炭素数10のカプロン酸は、洗濯物の生乾き臭のような不快臭だ。

脂肪酸をアルコールと反応させると、エステルという分子ができる。すると不思議なことに、突如として果物の香りに変わるのである。酢酸はペンタノールと反応すれば酢酸ペンチル(酢酸アミル)になるが、これはバナナの香りをもつ。銀杏の悪臭成分である酪酸は、エタノールと結合して酪酸エチルになるとパイナップルの香りに変身する。

果物の香気成分にはさまざまなエステルが含まれており、果物によって含まれるエステルの種類やその比率が異なる。

エステルは、$R-C(=O)-O-R'$という共通の分子構造をもつ(RとR'は炭素がいくつかつながったもの)。RとR'に含まれる炭素の数をそれぞれ変えていくと、りんごになったりバナナになったりパイナップルになったり……と匂いもめまぐるしく変わっていく。しかし、そのふるまいは予測不能で、法則性は見えてこない。RとR'を入れ替えれば、また別の匂いになる。

それでも、エステルはすべて、多かれ少なかれフルーティな香りをもつ。このように、ある分子構造が特定の匂いに対応しているというケースはむしろ稀である。一般には、分子構造と匂いとの関係はもっと複雑で、謎めいている。

麝香の香りをもつ分子

そのことを示す例として、麝香（ムスク）の香りをもつ分子について見てみよう。麝香の香りは香料にとって非常に重要だが、天然の麝香を手に入れるのは至難である。そのため、麝香の香りをもつ分子を探し出し、それを人工的に合成しようという試みが長い間なされてきた。

麝香の香りの正体は、ムスコンという分子である。麝香の香気成分の単離に初めて成功したのはワルバウムという化学者で、1906年のことだった。ワルバウムは、その匂い分子はケトン（C=Oという構造をもつ分子）であることを突き止めた。ケトンの分子は、名前の末尾に「オン（-one）」をつける決まりになっている。そこで、ムスクから単離されたケトンだから「ムスコン（muscone）」と名づけられた。けれどもワルバウムは、その分子がどのような構造をしているかということまでは突き止められなかった。

ムスコン分子の構造が明らかになったのは1926年で、レオポルト・ルジチカというクロアチア生まれの化学者によるものだ。ムスコンの分子は、15個もの炭素が上下に波打ちながらリング状に連なっているという予想外の構造をしていた(**図2-2**)。(図は炭素の数が15個であることをわかりやすく示すために星形に描かれているが、実際に炭素が星形に並んでいるわけではない。)炭素がつながってリング状の構造を作る場合、6個の炭素からなる構造がもっとも自然である。ムスコンのように多数の炭素がリング状につながった構造が可能であることは、当時は知られていなかったのだ。

ルジチカは同じ1926年に、霊猫香の香気成分であるシベトンの分子構造も決定している。こちらは17個の炭素がリング状につながったものだった(図2-2)。

ルジチカはさらに、1934年にムスコンの人工合成に成功した。ルジチカはリングに含まれる炭素の数が9個から20個までのものをすべて合成し、炭素の数が14個あたりから麝香臭が現れ、20個になるとまた消えて無臭になることを見出した。ルジチカは性ホルモンの人工合成にも成功している。これらの業績により、彼は1939年にノーベル化学賞を受賞した。ただ、ルジチカのムスコン合成法は収率が極めて低く、工業的に合成するには至らなかった。

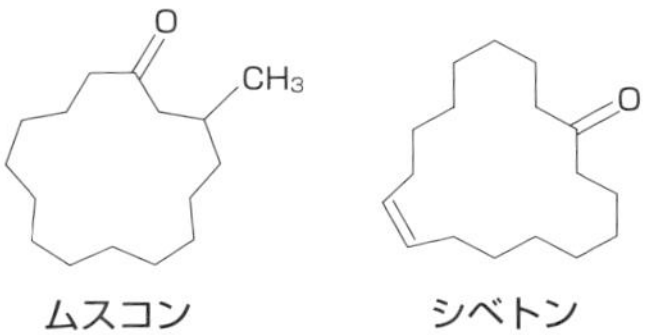

実は、麝香の香りをもつ分子の存在は、ムスコンが単離されるずっと前から知られていた。その発見は、香料とは何の関係もない分野か

ムスコン　シベトン

図2-2　ムスコンとシベトン

らもたらされた。爆薬の開発である。

TNT火薬の主成分はトリニトロトルエンという化合物である。1888年にドイツの化学者アルベルト・バウアは、新たな爆薬を開発しようとして、トリニトロトルエンに炭素を4個つけ足した分子を合成した。そうしてできた分子は、爆薬としては使い物にならなかったが、麝香に似た甘い芳香を放っていた。バウアはさらに、似た構造の分子で麝香臭をもつものをいくつか合成することに成功した。これらの分子はニトロ基(−NO_2)をもつため、ニトロムスクと総称されている(図2-3)。

ニトロムスクは安価に合成できるので、香料業界はこぞってニトロムスクを使い始め、多くの香水に用いられるようになった。

ところがやがて、ニトロムスクには大きな問題があることがわかった。ニトロ基は紫外線を強く吸収するため、皮膚に炎症を起こしてしまうのだ。そのためニトロムスクは、現在では基本的に使用が禁止されている。

ニトロムスクに代わって用いられるようになったのは、多環式ムスクである。多環式ムスクはニトロムスクに比べて香気は劣るものの、さらに安価に合成できることから、石鹸やシャンプー、柔軟剤などに大量に使用された。しかし多環式ムスクも、微生物によって分解されにくく、環境中に残留してしまうという問題があった。そのため、多くのメーカーは自主規制により多環式ムスクを用いないことにしている。

ニトロムスク

ムスクケトン　ムスクキシレン

多環式ムスク

ガラクソリド　トナリド　カシュメラン

大環状ムスク

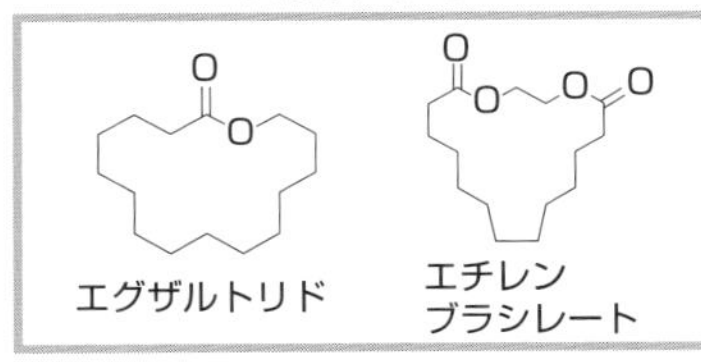

鎖状ムスク

ヘルベトリド　ロザムスク

ジエノンムスク

図 2-3　合成ムスク

安全性を考慮した上で現在用いられているのが、ムスコンを含む大環状ムスクである。ムスコンは天然の麝香に含まれるから、微生物が分解することができる。それと類似の構造をもつ他の大環状ムスクも、微生物によって分解されるため、環境中に残留しないのだ。

その後、1990年代から2000年代にかけて、安全性が高く香りも良い鎖状ムスクが開発された。さらに最近になって、ジエノンムスクという新たな構造をもつ合成ムスクが見つかった。今後も、新規の分子構造をもつ合成ムスクが発見されるか

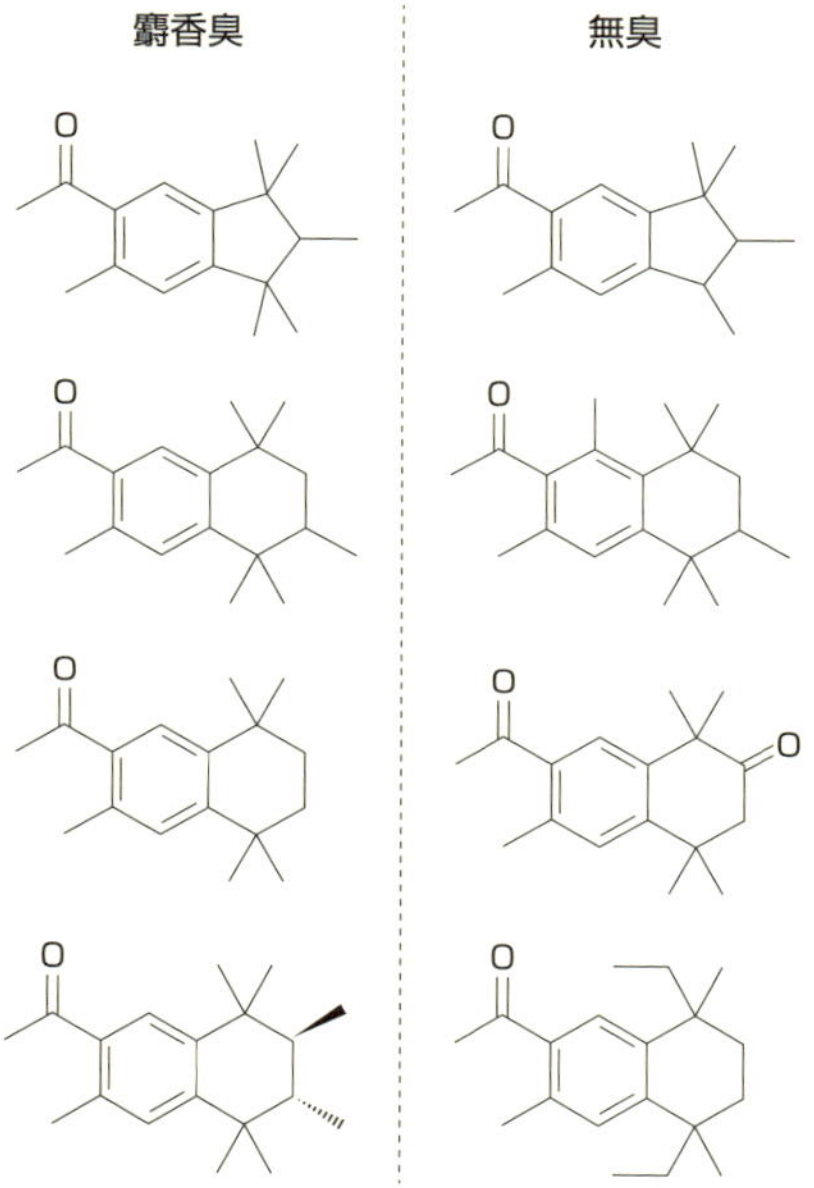

麝香臭　無臭

図 2-4　麝香の香りをもつ分子，もたない分子

もしれない。

これまでにさまざまな構造の合成ムスクが開発されてきた。それぞれの分子の呈する香りはどれも少しずつ異なっているが、すべて共通した麝香様の香りをもっている。しかし、数多くの合成ムスクが作られてきたにもかかわらず、天然の麝香に含まれるムスコンの香りにはかなわないという。

ニトロムスク、多環状ムスク、大環状ムスク、鎖状ムスク、そしてジエノンムスクは、分子構造が大きく異なっており、共通点といえばどれも分子量が大きいことくらいである。

麝香臭をもつ分子の不思議さは、構造の多様性だけではない。少し分子構造をいじると、たちまち香りが消えてしまうのである(**図 2-4**)。そのため、ある分子が麝香臭をもつかどうかは、実際に合成してみないとわからないのだ。

そしてこのことは、ムスクに限らず、匂い分子一般に言えることである。分子構造は似ていても匂いが大きく異なることもあるし、分子構造が違っていても匂いが類似していることもある。現在でも、分子構造から匂いを予測することには成功しておらず、新たな香り分子の合成は試行錯誤に頼っている面が大きい。分子のどこが、匂いの情報を担っているかがわからないのだ。

匂いの知覚は、なぜこんなに複雑なのだろうか？

注

（1）有機物とは、本来の意味は「生物に由来する物質」である。かつては、生物が作り出す物質は特別な性質をもつと考えられていた。ところが、1828年にフリードリヒ・ヴェーラーが尿素を合成することに成功し、生物に由来する物質でも合成できることが示された。そのため、現在では有機物は「炭素を含む物質の総称」という意味で使われる。したがって、天然に存在しない分子も有機物に含まれる。また、元の意味を尊重して、一酸化炭素や二酸化炭素などの単純な分子は有機物には含まない。

第３章　匂いを感じるしくみ

そしてまもなく私は、うっとうしかった一日とあすも陰気な日であろうという見通しとにうちひしがれて、機械的に、一さじの紅茶、私がマドレーヌの一きれをやわらかく溶かしておいた紅茶を、唇にもっていった。しかし、お菓子のかけらのまじった一口の紅茶が、口蓋にふれた瞬間に、私は身ぶるいした、私のなかに起こっている異常なことに気がついて。すばらしい快感が私を襲ったのであった、孤立した、原因のわからない快感である。……一体どこから私にやってくることができたのか、この力強いよろこびは？　それは紅茶とお菓子との味につながっている、しかしそんな味を無限に越えている、したがって同じ性質のものであるはずはない、と私は感じるのであった。

（マルセル・プルースト『失われた時を求めて〈１〉第一篇 スワン家のほうへ』
井上究一郎訳、ちくま文庫、１９９２）

懐かしい匂いに出くわすやいなや、当時の記憶がまざまざと蘇ってきた――という経験は、誰にでもあるだろう。心理学者は、そのような現象に「プルースト現象」というたいそうな名前をつけている。紅茶に浸したマドレーヌを口にした瞬間、主人公の幼少期の記憶が呼び覚まされる。マルセル・プルーストの『失われた時を求めて』は、そんな回想が延々と3000頁も続く長大な小説である。（主人公の記憶を呼び覚ましたのは、マドレーヌの匂いではなく味なのだが、なぜか味ではなく匂いが引き金となって記憶が呼び覚まされる現象をプルースト現象と呼んでいる。）

嗅覚には、昔の記憶を呼び覚ます不思議な力があるのだろうか？　本章では、匂いがどのようにして知覚されるか、そのメカニズムについて説明しよう。

嗅覚の生理学

匂い分子は、鼻腔（びくう）の天井部分にある嗅上皮（きゅうじょうひ）と呼ばれる部分で検出される（図3-1）。匂い分子は、鼻の穴（鼻孔（びこう））だけから取り込まれると思っていないだろうか。もちろん、鼻の穴からも取り込まれる。呼吸するときや意識的にクンクン匂いを嗅ぐときに、空気中を漂っている匂い分子が吸気とともに取り込まれて嗅上皮に達する経路を「オルソネーザル経路」という。それに加えて、もう一つ別の経路がある。それは、食べ物を噛んでいるときに、食べ物から発せられた匂い分子が喉の奥を経由して嗅上皮に到達する経路で、「レトロネーザル経路」という。（「オルソ（ortho-）」「レトロ（retro-）」はギリシア語でそれぞれ「正」「逆」を意味す

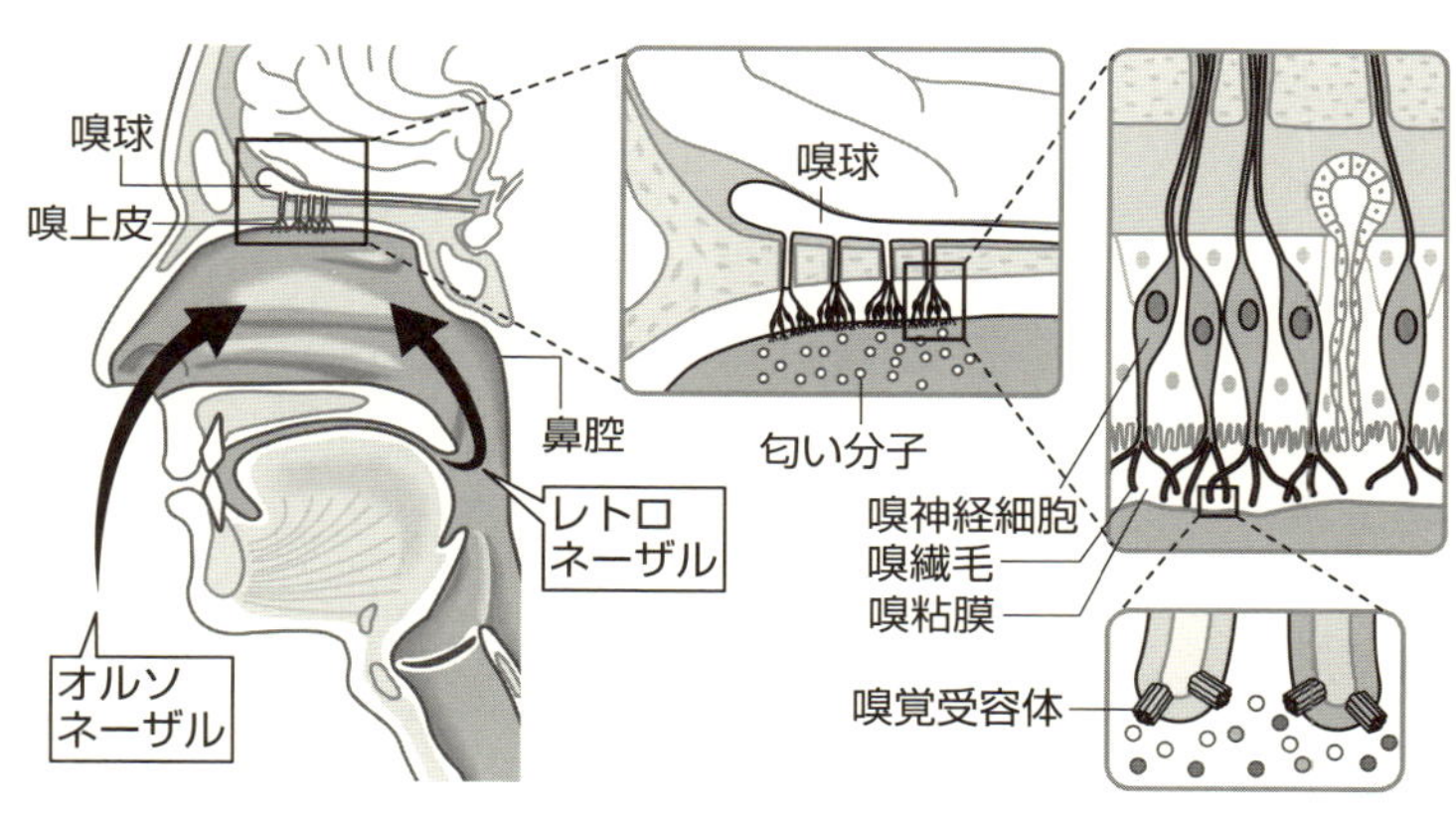

図 3-1　匂いを受け取るための器官

る。）

実は、私たちが「味」だと思っているものは、味覚だけでなく、嗅覚、舌ざわりや喉ごしといった触覚、温度感覚など、さまざまな感覚が渾然一体となったものだ。食べ物を美味しいと感じるためには、レトロネーザル経路が重要である。鼻をつまんでコーヒーを飲んでみれば、ただの苦い液体としか感じられないだろう。風邪を引くと食べ物の味がわからなくなるのは、味覚が麻痺したわけではない。鼻が詰まって匂い分子が嗅上皮に届きにくくなり、匂いがわかりづらくなった結果、まずく感じられるのだ。

縁日のかき氷屋さんには、いちご、メロン、レモン、ブルーハワイと色とりどりのシロップがある。あのシロップは、実はすべて同じ味である。違いは着色料と香料だけだ。試しに、目をつぶり、鼻をつまんでかき氷を食べてみればいい。シロップの種類を区別できないはずだ。

鼻腔は鼻中隔という壁で左右に分かれている。嗅上皮は左右一対ずつあり、それぞれが一円玉ほどの大きさで、淡黄褐色をしている。

嗅上皮には、何百万個もの嗅神経細胞がびっしりと並んでいる。嗅上皮は粘膜で覆われており、それぞれの嗅神経細胞は、粘膜中に嗅繊毛（きゅうせんもう）と呼ばれる毛を伸ばしている。嗅繊毛の表面には、嗅覚受容体（きゅうかくじゅようたい）と呼ばれる、匂い分子を受け取るためのセンサーがある。匂い分子は、いったん粘膜に溶けてから嗅上皮に到達する。匂い分子が嗅覚受容体に結合すると、その情報は電気信号に変換され、脳の嗅球（きゅうきゅう）という領域に伝えられる。嗅球は匂い情報を統合する場所で、嗅上皮のすぐ上に位置している。

嗅球に伝えられた情報は、脳の奥のほうにある嗅皮質を経由したのち、前頭皮質の嗅覚野という領域で匂いとして知覚される。また、扁桃体や視床下部にも伝わり、情動や生理的変化を引き起こす。しかし、嗅覚情報が脳の中のどこでどのように処理されるかということについては、現在さかんに研究されているものの、まだよくわかっていない。

嗅覚受容体

嗅神経細胞の表面には、匂い分子を受け取るためのセンサーである嗅覚受容体が無数に並んでいる。嗅覚受容体は、1991年に、米国のリンダ・バックとリチャード・アクセルという2人の研究者によって、ラットの嗅上皮から初めて発見された。この発見によって嗅覚の分子的な研究の扉が開かれ、これ以降、嗅覚研究は大きな進展を遂げることになる。この業績により、彼らは2004年にノーベル生理学・医学賞を受賞している。

嗅覚受容体は本書の主役なので、もう少し詳しく説明しよう。

まず「受容体」とは、「何かを受け取る（受容する）もの」である。私たちの身体の中には、さまざまな受容体がある。例えば、血液中を流れるホルモンに対してはホルモンの受容体がある。あるいは、脳内で神経間の情報をやりとりする神経伝達物質としてドーパミンやセロトニンがあるが、それぞれを受け取るためにドーパミン受容体、セロトニン受容体がある。

嗅覚受容体は、匂い分子に対する受容体だ。だから、「匂い受容体」とか「匂い分子受容体」と呼んでもいいのだが、正式には「嗅覚受容体」という。そこで、本書でもその正式名称を使うことにする。やや固い名前だが、主役くらいは正式名称を使いたいのでご容赦願いたい。

「嗅覚（きゅうかく）」という日本語についてもひとこと触れておこう。五感のうち、匂いの感覚は「嗅覚」である。「臭覚（しゅうかく）」という人がいるが、これは正しくない。「臭（くさ）い感覚」ではなく「嗅（か）ぐ感覚」なので注意してほしい。

組み合わせ符号

私たちは、この嗅覚受容体を約400種類もっている。

嗅覚受容体が400種類あるということは、私たちは400種類の匂いしか嗅げないということだろうか？　世の中に匂い分子が何種類あるかを数えた人はいないが、それは何万種類とも、何十万種類ともいわれている。400種類の嗅覚受容体で、どうやって多様な匂いを嗅ぎ分けているのだろう？

前に述べたように、ドーパミンに対してはドーパミン受容体、セロトニンに対してはセロトニン受容体がある。ドーパミン受容体にセロトニンが結合することはない。もしそういうことが起きると、情報が混乱してしまう。ドーパミン受容体は、ドーパミンだけに特異的に結合するように設計されているのだ。つまり、ドーパミンやセロトニンに対しては、受容体との対応関係は一対一である。

しかし、嗅覚受容体の場合は、そのようになっていない。一種類の嗅覚受容体にはさまざまな匂い分子が結合し、一種類の匂い分子はさまざまな嗅覚受容体と結合できる。つまり、匂い分子と嗅覚受容体との対応関係は多対多になっている。このシステムを「組み合わせ符号」と呼ぶ。ある匂い分子は、結合する嗅覚受容体の「組み合わせ」によってコード（符号）されている、ということだ。

嗅覚受容体は匂い分子の全体ではなく、一部分だけを認識すると考えられている（図**3-2**）。例えば、図の受容体Aは、丸い形の一部を認識するとしよう。そうすると、丸い部分を含む匂い分子であるハート、スペード、クラブは受容体Aに結合できるが、ダイヤは結合できない。また、スペードには丸い部分に加えて、上端の尖った部分や下の柄の部分もあるので、受容体Aだけでなく受容体Bや受容体Cにも結合することができる。

嗅覚受容体に匂い分子が結合すると、嗅覚受容体の形が少し変わる。すると、嗅覚受容体は細胞内にある他の分子に働きかけることができるようになり、そのことが最終的に嗅神経細胞の興奮を引き起こす。つまり、匂い分子が結合することにより、嗅覚受容体はより活発な状態になる。そのため、嗅覚受容体に匂い分子が結合した状態を「活性化した」という。嗅覚受容体以外の受容体についても同様である。

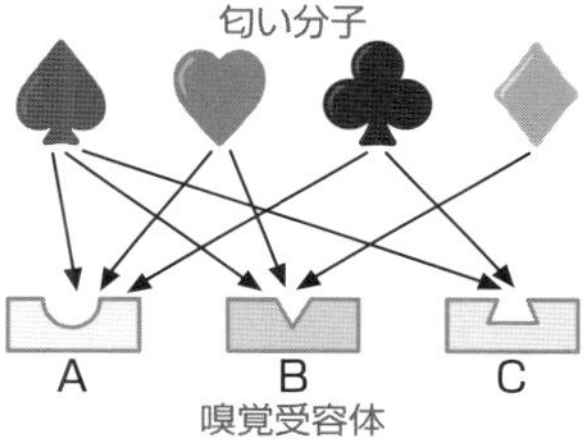

図3-2　組み合わせ符号

単純に考えて、それぞれの嗅覚受容体は、匂い分子が結合して活性化するか、匂い分子が結合せず活性化しないか、の2通りの状態だけをとるものとしよう。そうすると、400種類の嗅覚受容体があれば、とりうる状態の数は2の400乗で$2\cdot6\times10^{120}$という膨大な数になる。宇宙に含まれる原子の数が10^{80}個だから、この数はそれよりも圧倒的に大きい[1]。

スカトール（図2-1）は、濃い濃度だと大便のような悪臭がするが、薄い濃度だとジャスミンの甘い香りがする。このように、濃度によって感じ方が変わる匂いが存在することは、組み合わせ符号によって説明できる。個々の嗅覚受容体が活性化されるのに必要な匂い分子の濃度(閾値(いきち)という)は、嗅覚受容体と匂い分子の組み合わせごとに異なる。スカトールに対し、閾値の高い受容体Xと、閾値の低い受容体Yがあるとする。そうすると、低濃度のスカトールに対しては受容体Yだけが活性化するが、高濃度のスカトールに対しては受容体Xと受容体Yの両方が活性化する。受容体Yだけが活性化した状態はジャスミンの香りの知覚をもたらし、両方の受容体が活性化した状態は大便の悪臭の知覚をもたらすと考えればよいのだ。

嗅覚受容体と匂い分子との対応

嗅覚受容体は、匂い分子のある一部分だけを認識すると考えられている(図3-2)。エステル分子がどれもフルーティな香りをもち、硫黄を含む分子がおしなべて悪臭をもつのは、匂い分子中のエステル結合や硫黄の部分を認識する嗅覚受容体が存在すると考えればうまく説明できる。

しかし、実際にそのような嗅覚受容体が存在するかどうかはわかっていない。それどころか、個々の嗅覚受容体について、匂い分子のどこを認識しているかが解明されたケースはまだないのだ。

それを解明するためには、まず、それぞれの嗅覚受容体がどのような匂い分子と結合するかを明らかにする必要がある。けれども現在、約400種類の嗅覚受容体のうち、結合する匂い分子がわかっているものはまだ50種類程度にすぎない。

個々の嗅覚受容体がどのような匂い分子と結合するかを調べるための一つの方法は、培養細胞を用いて実験を行うことである。培養細胞というのは、実験室でいつまでも増やし続けることができる特殊な細胞である。培養細胞の中には嗅覚受容体は存在しないから、嗅覚受容体を人工的に組み込んだ培養細胞を作る必要がある。そして、ある特定の嗅覚受容体を組み込んだ培養細胞に、さまざまな匂い分子を振りかけてやる。もし、振りかけた匂い分子がその嗅覚受容体と結合すれば、嗅覚受容体は活性化され、細胞内にあるサイクリックＡＭＰという分子の濃度が上昇する。したがって、細胞内のサイクリックＡＭＰの濃度変化を測定することによって、ある嗅覚受容体とある匂い分子が結合するかどうかが判定できる。

しかし、さまざまな匂い分子を振りかけてやっても、何の反応も得られなかった場合が問題である。世の中には何万種類もの匂い分子があるのに対し、実験室で試すことができる匂い分子はごく限られている。また、培養細胞と嗅神経細胞では細胞内の環境が違うから、培養細胞内に組み込まれた嗅覚受容体がうまく機能してくれる保証はない。そのため、反応が得られなかった場合、試した匂い分子の中に当たりがなかったからなのか、それとも培養細胞の中でうまく嗅覚受容体が機能しなかったからなのかが判断できないのだ。

約400種類の嗅覚受容体のそれぞれがどんな匂い分子と結合するかということは、人間がどのように匂いを認識しているかを理解する上で非常に重要である。また、食品に添加するフレーバーや香粧品(食品以外に使用する香料)の開発などにも応用でき、産業的にも大きな価値がある。そのため現在、多くの研究者や企業が必死になって調べているところである。400種類すべての嗅覚受容体について、どのような匂い分子と結合するかが明らかになる日もそう遠くはないだろう。

脳はどのようにして匂いを認識しているか

組み合わせ符号により、一種類の匂い分子は、複数の嗅覚受容体を活性化することができる。つまり、ある匂いは、その匂いによって活性化される嗅覚受容体の組み合わせと対応している。では、脳はどうやってその組み合わせを知るのだろうか?

すでに説明したように、嗅覚受容体に匂い分子が結合すると、その嗅覚受容体は活性化する。そして、その嗅覚受容体をもつ嗅神経細胞の興奮が引き起こされ、神経の興奮が脳へと伝達される。

いま、ある一つの嗅神経細胞が、AとBという2種類の嗅覚受容体をもつと仮定しよう。そして、嗅覚受容体Aは匂い分子aと結合し、嗅覚受容体Bは匂い分子bと結合するとしよう。そうすると、この嗅神経細胞は、匂い分子aがきても匂い分子bがきても興奮する。脳に伝達される情報はある嗅神経細胞が興奮したかどうかだから、これでは脳は匂い分子ａと匂い分子ｂを区別できないことになる。

そのため、それぞれの嗅神経細胞は、ただ1種類の嗅覚受容体だけをもつと考えられている。これを「1受容体－1細胞ルール」という。このルールが成立していれば、「嗅覚受容体に匂い分子が結合したかどうか」は、「嗅神経細胞が興奮したかどうか」と同じことになる。実際にこのルールが成立していることは、マウスを使った多くの実験で示されている。

私たちの鼻の中には、全部で約４００種類の嗅覚受容体がある。個々の嗅神経細胞は、約４００種類のうちただ1種類の嗅覚受容体だけをもつ。嗅神経細胞は数百万個もあるから、ある1種類の嗅覚受容体は、平均すると数千から1万個程度の嗅神経細胞に存在することになる。

嗅神経細胞の興奮は、脳の嗅球という領域に伝えられる。嗅球の中には、糸球体（しきゅうたい）と呼ばれる神経の塊がある。

多くの研究者は、「1受容体－1細胞ルール」に加えて、「1細胞－1糸球体ルール」も成立すると考えている。[2] これは、一つの糸球体に接続している嗅神経細胞は、すべて同じ種類の嗅覚受容体をもつという仮説である。ある特定の嗅覚受容体をもつ数千から1万個程度の嗅神経細胞は嗅上皮のあちこちに散在しているけれども、それらの嗅神経細胞からのシグナルは一つの糸球体にまとめられると考えるのである。

「1受容体―1細胞ルール」と「1細胞―1糸球体ルール」の両方が成立すれば、「1受容体―1糸球体ルール」が成立することになる。つまり、嗅覚受容体と糸球体は一対一対応する。ある匂い分子がある受容体と結合すれは、それはその受容体に対応する糸球体の興奮を引き起こす。すでに述べたように、ある匂いは活性化された嗅覚受容体の組み合わせと対応するのであった。したがって、ある匂いは、興奮した糸球体の組み合わせと対応することになる。

それぞれの糸球体を電球だと考え、糸球体が興奮すれば電球がピカッと光ると考えよう。そうすると、嗅球は、400個の電球がはめ込まれた電光掲示板のようなものだ。ある匂い分子が鼻に到達すると、400個の電球のうちのいくつかがピカッと光り、電光掲示板上にあるパターンを描き出す。匂い分子が違えば、電光掲示板上に現れるパターンも異なる。このパターンが、脳内である匂いとして知覚されるのだ。

脳は、匂いの分子的な実体には興味がない。脳が見て（感じて）いるのは、興奮した糸球体のパターンだけなのである。

感覚の遺伝子

私たち人間は、匂いを受け取るための嗅覚受容体を約400種類もっている。それぞれの嗅覚受容体は異なる遺伝子にコードされているから、このことは、私たち人間が嗅覚受容体

表 3-1　感覚の受容体遺伝子

感覚	受容器	受容体遺伝子
視覚	網膜にある錐体細胞と桿体細胞	光受容体(オプシン)：色覚3個，明暗1個
聴覚	内耳蝸牛にある有毛細胞	不明
触覚	皮膚下のルフィニ小体，パチニ小体，マイスナー小体，メルケル触盤など	不明
味覚	舌の味蕾にある味細胞	味覚受容体：苦味25個，甘味と旨味3個，塩味3個?，酸味2個?
嗅覚	鼻腔の嗅上皮にある嗅神経細胞	嗅覚受容体：約400個
温度感覚	自由神経終末の温度受容器	温度受容体：9個

の遺伝子を約400個もっているということだ。

では、他の感覚はどうだろうか？　人間は、外部からの情報の8割を視覚に頼っている、などといわれる。そうであれば、視覚情報を受け取るための遺伝子は、もっとたくさんあるのだろうか？

そうではない。実は、視覚を司る光受容体の遺伝子は、たったの4個しかないのだ。**表3-1**を見ていただきたい。視覚・聴覚・触覚・味覚・嗅覚の五感の中で、嗅覚は断トツで受容体遺伝子の数が多いのである。視覚と比べれば、嗅覚にかける遺伝的なコストはその100倍ということになる。

ちなみに、味覚受容体の遺伝子は全部で30数個が知られており、ちょうど嗅覚と視覚の中間的な数に相当する。味覚は、甘味・旨味(うまみ)・苦味・塩味・酸味の5種類の基本味に分類される。(なお「辛味」は味覚ではなく、痛覚の一種である。また最近、第6の基本味として「脂肪味」が提唱されている。) このうち苦味の受容体が一番多くて25種類ある。甘味と旨味は合わせて3種類だ。これはどういうことかというと、甘味受容体と旨味受容体はそれぞれ、3種類のうちの2種類が結合したものになっているのだ。3種類の受容体をA、B、Cとすると、AとBが結合すると旨味受容体になり、AとCが結合すると甘味受容体になる。塩味と酸味については、受容体の遺伝子がそれぞれ数個ずつ知られているが、その全容はまだ解明されていない。

聴覚の受容体は、候補遺伝子がいくつか報告されているものの、よくわかっていない。そして触覚は、五感の中でももっとも分子的メカニズムの理解が遅れている。

五感以外の感覚では、温度感覚が比較的よく理解されている。私たちは、温度の受容体を9種類もっている。受容体ごとに担当する温度の領域が異なり、52度以上の高温で活性化する受容体、17度以下の低温で活性化する受容体などがある。これらの温度受容体は、化学物質によっても活性化されることがある。唐辛子の辛味成分であるカプサイシンは高温の受容体を活性化し、ハッカに含まれるメントールは低温の受容体を活性化する。そのため、皮膚に唐辛子を塗れば熱く感じるし、メントールを塗れば清涼感を感じるのだ。

色覚のメカニズム

ここで、嗅覚との比較のために、もっともよく理解されている感覚である視覚——その中でも、特に色覚——のメカニズムについて簡単に説明しておこう。

視覚とは、光(物理学的に正確に言うと、電磁波)に対する感覚である。私たち人間は、波長約380ナノメートルから約780ナノメートルの光を見ることができる。光の波長が長いほうから短いほうへと変わっていくと、色は、赤、橙、黄、緑、青、藍、紫と虹の七色に従って連続的に変わっていく。ここでポイントは、色覚の場合、刺激である光の波長が連続的に変わっていくと、それに対する感覚である色も連続的に変わっていくということだ。嗅覚の場合はそうではなかった。匂い分子の構造がほんの少し変化すると、その感覚である匂いはしばしば劇的に変化するのであった(図2-4)。

目の網膜には、光をとらえるための細胞が2種類あり、それぞれ錐体細胞と桿体細胞と呼ばれている。錐体細胞は明るいところで色を見るために使われ、桿体細胞は暗闇で明暗を見分けるのに使われる。明るいところから急に暗いところに入ると、しばらくはよく見えないが、やがて目が慣れてきて周囲の様子がぼんやりと見えてくる。でも、どんなに目を凝らしてみても、色はよく見えない。これは、暗闇では桿体細胞のみが機能するためだ。

私たちはふつう、光をとらえるための受容体を4種類もっている(わざわざ「ふつう」と断ったのは、そうでない人もいるからだ)。そのうち3種類は色を見るために使われ、錐体細胞で機能している。残りの一つは桿体細胞で使われている。

錐体細胞にある3種類の光受容体は、それぞれが異なる波長の光によって活性化される(図3-3)。各受容体を活性化することができる光の波長は、ある幅をもっている。

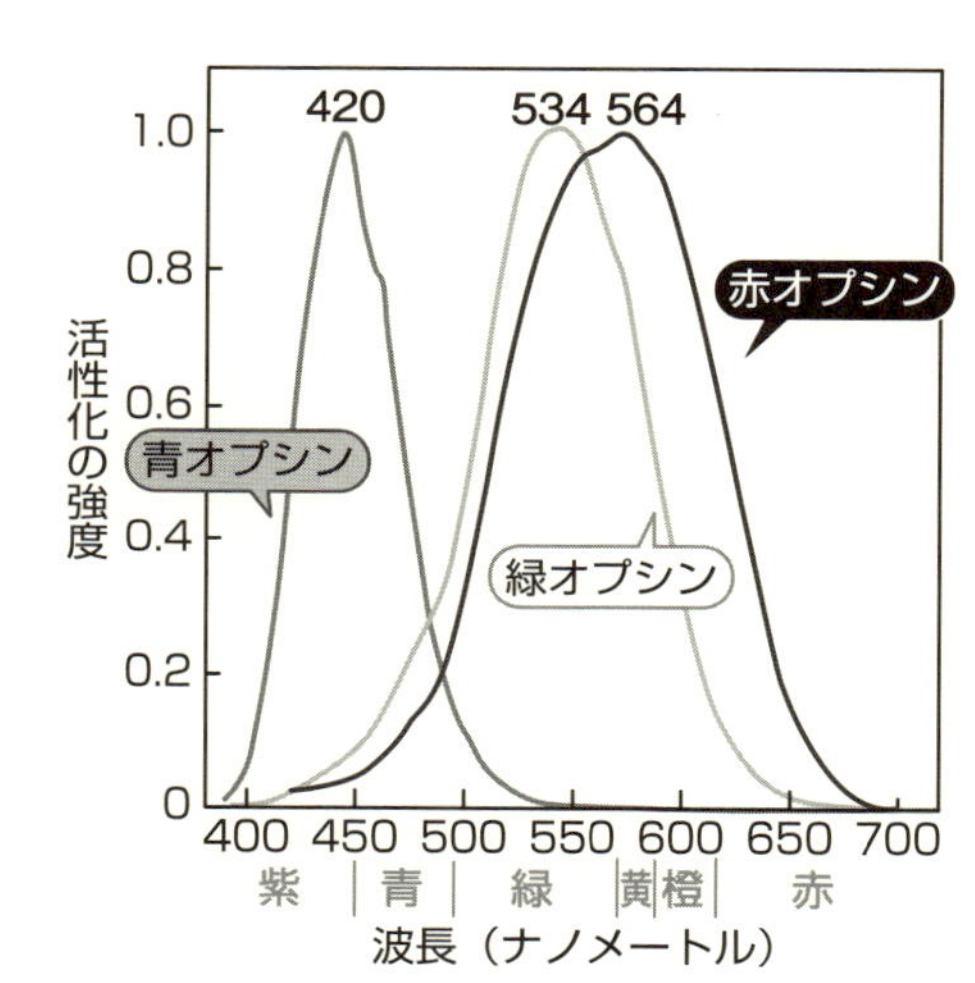

図3-3 光受容体の活性

光受容体は「オプシン」とも呼ばれる。それぞれの受容体は赤、緑、青に対応する光によってもっともよく活性化されるから、3種類の光受容体を赤オプシン、緑オプシン、青オプシンと呼ぶことにしよう。(3)

嗅覚の場合と同様に、色覚に対しても「1受容体－1細胞ルール」が成立する。つまり、1個の錐体細胞は3種類のうちどれか1種類の光受容体だけをもつ。私たちが光を見ているとき、脳に送られてくる情報は、3種類の光受容体がどのような強度の比で活性化されたかということだけである。脳は光の波長そのものを検出しているわけではない。

これが、「三原色」が存在することの生理学的な理由である。ここでいう三原色は「光の三原色」であり、赤・緑・青である（**図3-4**）。赤・青・黄（絵の具の三原色）ではないので注意してほしい。

例えば、波長540ナノメートルの光は緑、660ナノメートルは赤として認識される。

540ナノメートルの光(緑)と660ナノメートルの光(赤)を適当に混ぜてやれば、それは脳で黄色として認識される。一方、波長580ナノメートルの光も黄色と認識される。この2種類の刺激は物理的にはまったく異なるにもかかわらず、脳は両者を区別できない。これは、「黄色」という知覚は、「赤オプシンと緑オプシンが同程度に活性化され、青オプシンが活性化されない」という状態に他ならないからである。

私たちが認識できる色彩は、すべて赤・緑・青の適当な混合によって表すことができる。パソコンやテレビのディスプレイを拡大してみると、赤・緑・青の小さなドットが並んでいることがわかるだろう。3色のドットが光る強さを調節することで、ディスプレイ上にはどんな画像でも再現することができる。

すべての色を再現するためには、3色あれば十分である。その理由は、私たち人間が、色を見るための受容体を3種類しかもっていないからだ。地球上をどんなにくまなく探し回ったところで、未知の新たな色が発見されることはないのである。

図3-4　三原色

「原臭」はない

匂いの世界には、色の「三原色」に相当するような「原臭」——適当に混合することで、知覚しうるあらゆる匂いを作り出せるような少数の基本となる匂いのセット——は存在しないのだろうか？

かつて、原臭を探そうという試みがなされたことがあった。英国の化学者、ジョン・アムーアは、樟脳臭、刺激臭、エーテル臭、花香臭、ミント臭、ムスク臭、腐敗臭の7つを原臭と考え、1963年に発表した。これを「アムーアの七原臭」という。

アムーアは、新規の化合物が単離もしくは合成されたときに、その匂いがどのような言葉で記述されたかを集計し、頻度が高いほうから上位7つを原臭と考えた。上位7つまでを採用した理由は、虹の七色が念頭にあったのかもしれないが、まったく恣意的なものである。そしてもちろん、アムーアの七原臭をどう混ぜ合わせても再現できない匂いがたくさん存在するから、これは原臭とはいえない。それでも当時、この説は人気があったらしく、ひと昔前の嗅覚の教科書にはたいていこの説が紹介されている。

匂いはうまく分類できない。また、匂い分子の構造をほんの少し変えただけで匂いは大きく変わってしまう。つまり、分子構造から匂いを予測することはできない。

なぜ嗅覚という感覚がこんなに複雑か、その理由がおわかりいただけただろうか？

その第一の理由は、嗅覚受容体遺伝子の数が多いからなのだ。

色を感じるための受容体は3種類しかないから、あらゆる色は三原色の混合で表すことができる。しかし、匂いの受容体は400種類もある。原臭は存在しないのだ。

色盲と嗅盲

三原色が存在することの理由は、色覚を司るオプシン遺伝子が3種類あるからだった。ところが人によっては、3種類のオプシン遺伝子のうちどれか一つがうまく機能しなかったり、その遺伝子自体がなかったりすることがある。そうすると、その人にとっての色の世界は、三原色ではなく、2種類の色の混合ですべて表されることになる。これがいわゆる「色盲」である。色盲といっても、白黒写真のように色がまったく見えないわけではなく、色の見え方が異なっているだけだということに注意してほしい[4]。

3種類のオプシン遺伝子のうち、どの遺伝子が機能していない(または、存在していない)かによって、見え方が異なる。赤オプシンもしくは緑オプシンがない場合は、どちらも、世界は黄と青の2色で構成されることになる(赤～緑の色の識別が困難になるため、「赤緑色盲」と呼ばれる)。一方、青オプシンがない場合は、世界は赤と青緑の2色で構成されることになる(「青黄色盲」という)。

赤緑色盲は比較的頻度が高い。日本人の場合、男性の約5%、女性の約0・2%が赤緑色盲である。つまり、男性の約20人に一人は赤緑色盲なのだ[5]。一方、青黄色盲は非常にまれで、数万人に一人しかいない。

嗅覚に対しても、色盲に相当するような現象がある。嗅覚自体は正常だが、ある特定の匂いを感じられない、あるいは弱くしか感じられない人がいる。そのような人は、正式には「特異的無嗅覚症」というのだが、ここでは「嗅盲」という言葉を使うことにする。色盲と

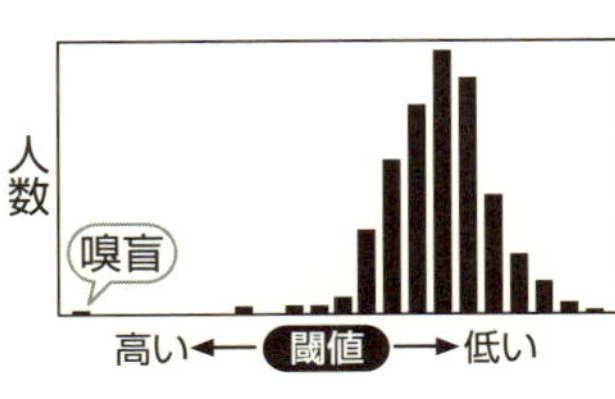

図 3-5　イソ吉草酸に対する閾値の分布(Amoore 1977 より改変)

同様に、嗅盲といってもまったく匂いを感じられないわけではないことに注意されたい。また、嗅盲は遺伝することが知られており、この点でも色盲と同様である。

嗅盲を示す匂いは数多く知られている。足の裏や納豆の匂い、あるいは汗臭い不快臭を呈するイソ吉草酸は、そのような匂いの一つである。イソ吉草酸について、どのくらいまで薄めたら嗅げなくなるか、というぎりぎりの濃度(閾値)を多くの人について測定する。そうすると、**図 3-5** のような分布が得られる。

人によって閾値の値はばらついていて、ある値を中心とした釣鐘型の分布になる。このような分布は正規分布と呼ばれ、自然界のさまざまなところに現れる普遍的な分布である。ところが、正規分布から大きく外れたところにも少数の人がいる。この人たちは、大部分の人に比べて閾値が高いから、濃い濃度でないと匂いを感じない。この人たちがイソ吉草酸に対する嗅盲である。

世の中には「足の裏の匂いが大好き」という匂いフェチの人がいるが、そういう人はイソ吉草酸に対する嗅盲なのかもしれない。

嗅盲と嗅覚受容体遺伝子

嗅盲が遺伝するということは、嗅盲という現象は遺伝子によって規定されているということだ。イソ吉草酸に対する嗅盲が存在することは、イソ吉草酸に結合する嗅覚受容体が存在し、嗅盲の人はその嗅覚受容体がうまく機能していないと考えれば説明がつく。

実際にそうなっている。ＯＲ11Ｈ７と名づけられた嗅覚受容体[6]は、イソ吉草酸に結合する。この遺伝子をさまざまな人で調べてみると、この遺伝子が壊れて機能しなくなっている人が見つかった。そして、機能しないＯＲ11Ｈ７の遺伝子をもっている人のほうが、イソ吉草酸に対する閾値が高い（イソ吉草酸の匂いがわかりにくい）傾向があったのだ。

ただし、「組み合わせ符号」で説明したように、匂い分子と嗅覚受容体との対応関係は多対多なので、イソ吉草酸に結合する嗅覚受容体はＯＲ11Ｈ７だけではない。そのため、この遺伝子が機能しなくなったとしても、イソ吉草酸の匂いを完全に嗅げなくなるわけではない。

ＯＲ11Ｈ７に限らず、ほとんどの嗅覚受容体遺伝子は、人によって少しずつ異なっている。だから、匂いの感じ方は人によって異なるのだ。（ただし後述するように、匂いの感じ方の個人差は、遺伝的な要因だけでなく環境要因の影響も大きい。）

イソ吉草酸の他にもいくつかの匂いについて、特定の嗅覚受容体遺伝子の人による違いが嗅盲に関連していることが示されている（**図3‐6**）。

匂い分子	匂い	嗅覚受容体
アンドロステノン	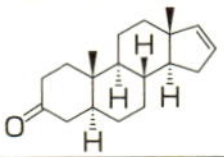 尿臭	OR7D4
イソ吉草酸	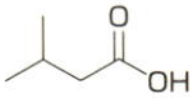 足の裏の匂い 納豆の匂い，汗臭	OR11H7
シス-3-ヘキセン-1-オール	 緑茶の匂い	OR2J3
β-イオノン	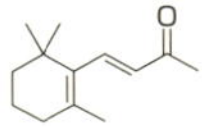 スミレの匂い	OR5A1
グアイアコール	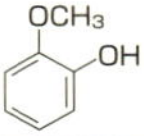 正露丸の匂い	OR10G4

図 3-6　嗅盲と嗅覚受容体遺伝子の関連性

アンドロステノン

図3-6に示した匂い分子の中で、アンドロステノンはとりわけ興味深い。

アンドロステノンの匂いは人によって感じ方が違っていて、尿のような不快な悪臭に感じる人、甘い花のような香りに感じる人、何も感じない人の3通りがいる。

アンドロステノンはブタの性フェロモンで、オスブタの唾液中に多く含まれる。この匂いを嗅いだメスブタは、ロードシスと呼ばれる交尾受け入れ体勢をとる。アンドロステノンは養豚産業でも利用されており、Boarmateという名前でアンドロステノンのスプレーが市販されている(boarはオスブタという意味)。

アンドロステノンは、フランス料理に使われる高級食材のトリュフ(キノコの一種)にも含まれている。そのため、トリュフを探すときには、伝統的にはメスブタを使う。メスブタはトリュフの匂いを教えなくても、森の中から難なくトリュフを探し出すことができるのだ。

いくつかの間接的な証拠により、アンドロステノンはヒトの性フェロモンではないか、と考えられていたことがある。アンドロステノンの分子構造は、ヒトの男性ホルモンであるテストステロンと類似している。アンドロステノンはヒトの汗や唾液中にも含まれる。脇の下からの分泌量は女性よりも男性のほうが圧倒的に多く、約50倍にもなる。男性のほうがアンドロステノンに対する嗅盲の割合が高く、この差は思春期に現れる。また、理由は不明だが、アンドロステノンに対して嗅盲を示す人も、嗅ぎ続けていると次第に嗅げるようになってくる。さらに、女性のアンドロステノンに対する感じ方は性周期とともに変化し、排卵期前後にはより不快でなく感じる傾向がある。女性がアンドロステノンの類似物質(アンドロスタジエノン)を嗅ぐと、脳の中の視床下部という領域が活性化する。この領域は性欲などを司っており、普通の匂いを嗅いだときには活性化しない。

ある論文によれば、匂いを感じない程度に薄めたアンドロステノンをこっそり椅子にスプレーしておくと、女性はその椅子に好んで座ったそうだ。ただし、この論文は眉唾物である。もし、スプレーしただけで女性が群がってくるような物質が発見されたら大変なことになるのだが、人間の場合はそう単純ではない……というのが現実のようだ。

アンドロステノンの受容体であるOR7D4という遺伝子は、人によって配列に違いがある。主にＲＴ型とＷＭ型という2種類があり、ＲＴ型はＷＭ型よりも感度が高い。そして、ＷＭ型の遺伝子をもっている人は、ＲＴ型の遺伝子をもっている人に比べ、よりアンドロステノンの匂いを感じにくく、感じられたとしてもより不快でなく感じる傾向があることがわかっている。

匂いの快・不快

本章のしめくくりに、第2章の最初の疑問に戻ろう。なぜ、ある匂いは心地よく感じられ、ある匂いは不快に感じられるのだろうか？

味覚の場合、それぞれの味の「価値」がはっきりしている。甘味は栄養分のシグナルだから、積極的に摂取すべきものである。だから私たちは、さまざまなコストを払ってまで甘味を手に入れようと必死に努力する。もっとも、現代のように容易に甘い物が手に入ってしまうと、肥満や糖尿病などの深刻な問題を引き起こしてしまうことになるのだが。一方、苦味は毒のシグナルだから、忌避すべきものである。酸味は腐ったものに含まれるから、やはり避けるべきものだ。

新生児の舌に砂糖水を垂らしてやると嬉しそうな表情をするし、苦味物質を舐めさせればしかめっ面をする。酸味物質を与えれば、口をすぼめる。それが初めての体験だったとしても同じような反応を示すことから、この反応は学習によるものではなく、遺伝的にプログラムされたものであることがわかる。

では、嗅覚の場合はどうだろうか？　遺伝的にプログラムされた、忌避すべき匂いは存在するのだろうか？

マウスの場合、その答はイエスである。トリメチルチアゾリンという分子がある。この分子は、マウスの天敵であるキツネの糞に含まれ、キツネの匂いの主要成分である。この匂いをマウスに嗅がせると、すくみ反応と呼ばれる反応を引き起こし、身じろぎ一つせず固まってしまう。すくみ反応は、電気ショックを与えたときなどにも見られ、マウスが恐怖を感じたときにとる行動である。実験室で飼われていて、一度もキツネに会ったことのないマウスでも同じ反応を示す。

人間にも、このような「絶対的な悪臭」は存在するのだろうか？

多くの研究者は、答はノーだと考えている。

ウンチの匂いは誰にとっても悪臭ではないか、と思うかもしれない。しかし、ウンチの匂いは、赤ちゃんにとっては忌避すべき匂いではない。

筑波大学の綾部早穂らは、2歳前後の幼児29人を被験者として次のような実験を行った。段ボール箱で二つのビデオ上映ボックスを用意し、一方にはバラの香り（フェネチルアルコール）、他方にはウンチの匂い（スカトール）を充満させておく。幼児がそれぞれのボックスで同じ内容のビデオを見たあと、どちらのボックスでもう一度ビデオを見たいかを選んでもらう。

すると、母親の9割近くはウンチのボックスをより不快に感じたにもかかわらず、幼児はどちらのボックスを選択するかは半々で、特定の好みは見られなかった。

ウンチの匂いを不快に感じるのは、生まれた後の学習によって身につけたものだと考えられる。ウンチの匂いは、トイレという、汚くて避けるべき場所といつも一緒に現れる。そうすると、いつのまにか脳はウンチの匂いを避けるべきものと感じるようになってしまうのだ。これを「連合学習」という。

米国で匂い爆弾の開発プロジェクトがあり、これに使用するための匂いの探索が行われた。腐敗した有機体の匂いが最も嫌われることが示されたが、絶対的な悪臭の発見には至らなかったという。

逆に、有害だからといって悪臭がするとは限らない。例えば、一酸化炭素は無臭である。シアン化水素(青酸ガス)は、ホロコーストの際にガス室で使用され、わずかに吸引するだけで死に至る猛毒だが、杏仁豆腐のような甘い香りがする。

匂いの好き嫌いには、文化的な影響も大きい。日本人とドイツ人で、一方には馴染みがあるが他方には馴染みのない匂いを嗅いでもらい、その匂いをどの程度快く感じるかを評定してもらった実験では、馴染みのない匂いほど不快に感じられる傾向があるという結果が得られた(**図3-7**)。

匂いの感じ方は、人によって異なる。この匂い知覚の個人差は、遺伝的要因(嗅覚受容体遺

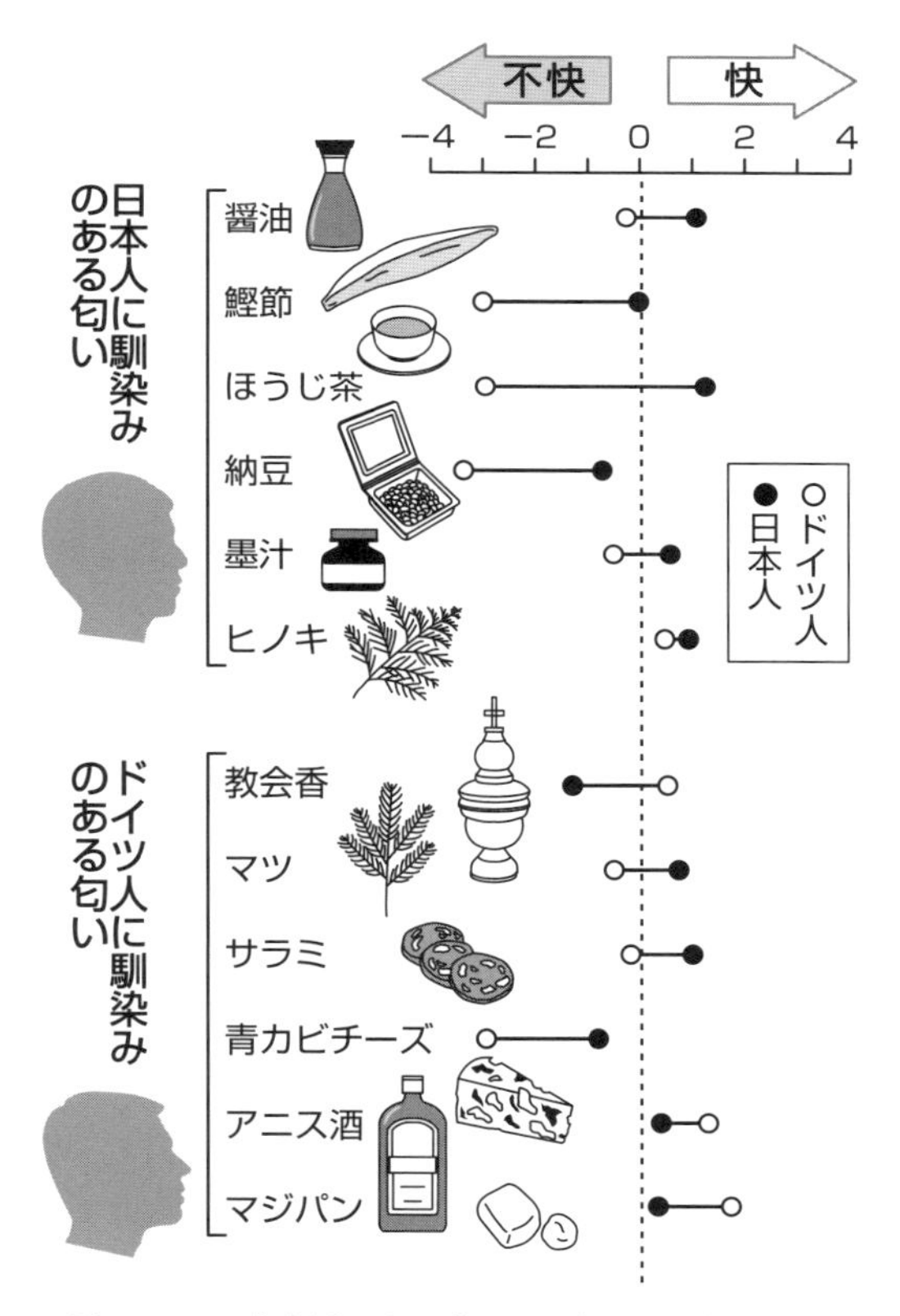

図 3-7　日常生活にある匂いに対する日本・ドイツ間での快・不快感の違い(綾部 2007 より改変)

伝子の人による違い)と、環境要因(連合学習や文化的背景)の両方によって決まっているのだ。

注

(1) 実際には、400種類の嗅覚受容体のふるまいは完全に独立ではないから、可能な組み合わせの数はこれよりも少なくなる。しかしその一方で、1種類の嗅覚受容体は活性化される(1)かされない(0)かの2通りの状態だけをとるのではなく、0と1の中間段階が無数に存在する。それはなぜかというと、1個の嗅覚受容体遺伝子から作られる受容体タンパク質は無数にあるからだ。ある匂い分子が個々の受容体タンパク質と結合するかどうかは、確率的に決まっている。そのため、一つ一つの受容体タンパク質は0か1かの状態しかとらないとしても、1種類の嗅覚受容体について、全体の50%が活性化するという状態もありうるのだ。このことを考慮すると、可能な組み合わせの数はずっと多くなる。

(2) 「1細胞−1糸球体ルール」が成立することも、マウスを使った実験で示されている。マウスは、約1000種類の嗅覚受容体をもつ。また、マウスの糸球体の数は全部で約2000個である。嗅球は左右対称の構造をしているから、左右一対を一つと考えれば、「1細胞−1糸球体ルール」とつじつまが合う。ただし、マウス以外の動物では、嗅覚受容体の種類と糸球体の数は必ずしも対応しない。ヒトの場合、約400種類の嗅覚受容体に対し、糸球体の数は約5600個と見積もられている。したがって、「1細胞−1糸球体ルール」がすべての動物で成立する普遍的なルールかどうかは不明である。しかし、このルールが厳密には成立しなくても、1細胞は少数の糸球体と対応していると考えられるので、本質的な議論は変わらない。

(3) 実際には、赤オプシンがもっともよく活性化される光の波長は564ナノメートル付近であり、これは緑がかった黄色に対応する。しかし、この波長の光は、同時に緑オプシンも活性化してしまう。それに対し、波長620ナノメートル以上の赤い光は、ほぼ赤オプシンのみを活性化する。そのため、長波長の光で活性化される光受容体は便宜的に「赤オプシン」と呼ばれる。

（4）最近では、「色盲」という言葉は使われなくなってきている。かつて色盲の人が差別されてきたという歴史があり、「色盲」という言葉に差別的なニュアンスがあるとされたためだ。そのため日本眼科学会では、「色盲」の代わりに「色覚異常」という言葉を使うことに決めた。しかし、「異常」という言葉のほうがもっと差別的だという考え方もある。そこで最近では、「色覚特性」「色覚多様性」などとも言われるようになってきた。ここでは、嗅覚との対比のために、あえて「色盲」という言葉を使っていることをご理解いただきたい。

（5）男性のほうが頻度が高い理由については、第6章の注3参照。

（6）嗅覚受容体は英語ではオルファクトリー・レセプター(olfactory receptor)といい、科学論文ではその頭文字をとってORと略記される。

第4章 生き物たちの匂い世界

われわれはともすれば、人間以外の主体とその環世界の事物との関係が、われわれ人間と人間世界の事物とを結びつけている関係と同じ空間、同じ時間に生じるという幻想にとらわれがちである。この幻想は、世界は一つしかなく、そこにあらゆる生物がつめこまれている、という信念によって培われている。すべての生物には同じ空間、同じ時間しかないはずだという一般に抱かれている確信はここから生まれる。

(ユクスキュル、クリサート『生物から見た世界』日高敏隆、羽田節子訳、岩波文庫、2005)

環世界

エストニア生まれの生物学者、ヤーコプ・フォン・ユクスキュルは、1933年に出版した著書『生物から見た世界』の中で、「環世界」という考え方を提唱した。

ユクスキュルは、『生物から見た世界』をマダニについての話から始めている。マダニは、森の中にある灌木の枝先にぶら下がって、獲物を待ち伏せする。

この目のない動物は、表皮全体に分布する光覚を使ってその見張りやぐらへの道を見つける。この盲目で耳の聞こえない追いはぎは、嗅覚によって獲物の接近を知る。哺乳類の皮膚腺から漂い出る酪酸の匂いが、このダニにとっては見張り場から離れてそちらへ身を投げろという信号(Signal)として働く。そこでダニは、鋭敏な温度感覚が教えてくれるなにか温かいものの上に落ちる。するとそこは獲物である温血動物の上で、あとは触覚によってなるべく毛のない場所を見つけ、獲物の皮膚組織に頭から食い込めばいい。こうしてダニは温かな血液をゆっくりと自分の体内に送りこむ。（『生物から見た世界』）

森の中は、樹木や葉の匂い、花や熟した果実の甘い香り、動物の体臭や糞の匂いなど、さまざまな匂いで満ちている。だが、マダニにとって意味のある匂いは動物の発する酪酸の匂いだけだ。それ以外の匂いはマダニにとっては存在しないのと一緒である。

ふつう「環境」というと、温度や湿度、そこに生息する動物や植物などあらゆるものを含む。客観的・物理的に測定可能で、一意的に定まるもの、と考えられる。それに対しユクスキュルは、それぞれの生物にとって意味のあるもののみを「環境」ととらえるべきだ、と説いた。そして、前者の客観的に記述されうる環境（Umgebung ウムゲーブング）に対し、後者の生物ごとに固有の「環境」をUmwelt（ウムヴェルト）と呼んで区別した。

動物学者の日高敏隆は、『生物から見た世界』を翻訳するにあたり、ウムヴェルトに対して「環世界」という訳語を与えた。「環境世界」と訳すと、客観的な意味での環境（ウムゲーブング）と混同してしまうためだ。

それぞれの生物に固有の環世界は、客観的な意味での環境から切り出されたものだ。ここで問題となってくるのは、それぞれの生物は、無限にある客観的環境の中から何を環世界として選び出しているのか、ということである。同じ客観的環境であっても、生物によって環世界は異なっている。

どのようにしたら、それぞれの生物に固有の環世界を知ることができるだろうか？

嗅覚について考えてみよう。もし、ある生物のもつ嗅覚受容体がすべてわかり、それぞれの受容体が結合する匂い分子がすべて明らかになれば、その生物が認識しうる匂いの世界もわかるはずである。ある生物が認識できる匂いとは、すなわちその生物にとって意味のある匂いに他ならないだろう。

前の章で述べたように、それぞれの嗅覚受容体がどのような匂いに結合するかという問題は、現在さかんに研究されているものの、完全解明までにはまだ少し時間がかかりそうである。それでも、私たちはいま、さまざまな生物の全ゲノム配列（全遺伝情報）を手にし、ある生物がどのような嗅覚受容体遺伝子をもっているかを知ることができるようになった。このことにより、それぞれの生物の嗅覚の環世界——その生物にとって意味のある匂いの世界——がどのようなものであるかがおぼろげながら見えてきた。私たちは、「ユクスキュルの夢」に一歩近づいたといえるかもしれない。

ゾウはイヌの2倍鼻が利く？

筆者の研究グループは、さまざまな動物のゲノム配列を解析して、その動物がどのような嗅覚受容体遺伝子をもっているかを調べている。

図4-1は、さまざまな動物のもつ嗅覚受容体遺伝子の数を示したものだ。これまでに調べられた中でいちばん多くの嗅覚受容体遺伝子をもつ動物は、アフリカゾウである。その数は約2000個。ヒトは約400個、鼻が良いことで有名なイヌは約800個だから、この数はヒトの約5倍、イヌの2倍以上に相当する。

「ゾウの鼻は伊達に長いわけではなく、嗅覚も優れている」。この話は、世界中のさまざまなメディアで取り上げられ、大きな話題となった。筆者が確認した限り、少なくとも世界40か国以上、22の言語でインターネットのニュースになった。

米国のワシントン・ポスト紙でも大きな記事になった(**図4-2**)。タイトルが面白い。"At the end of that trunk, a powerful nose"(「トランクの先端にパワフルな鼻がある」)とある。英

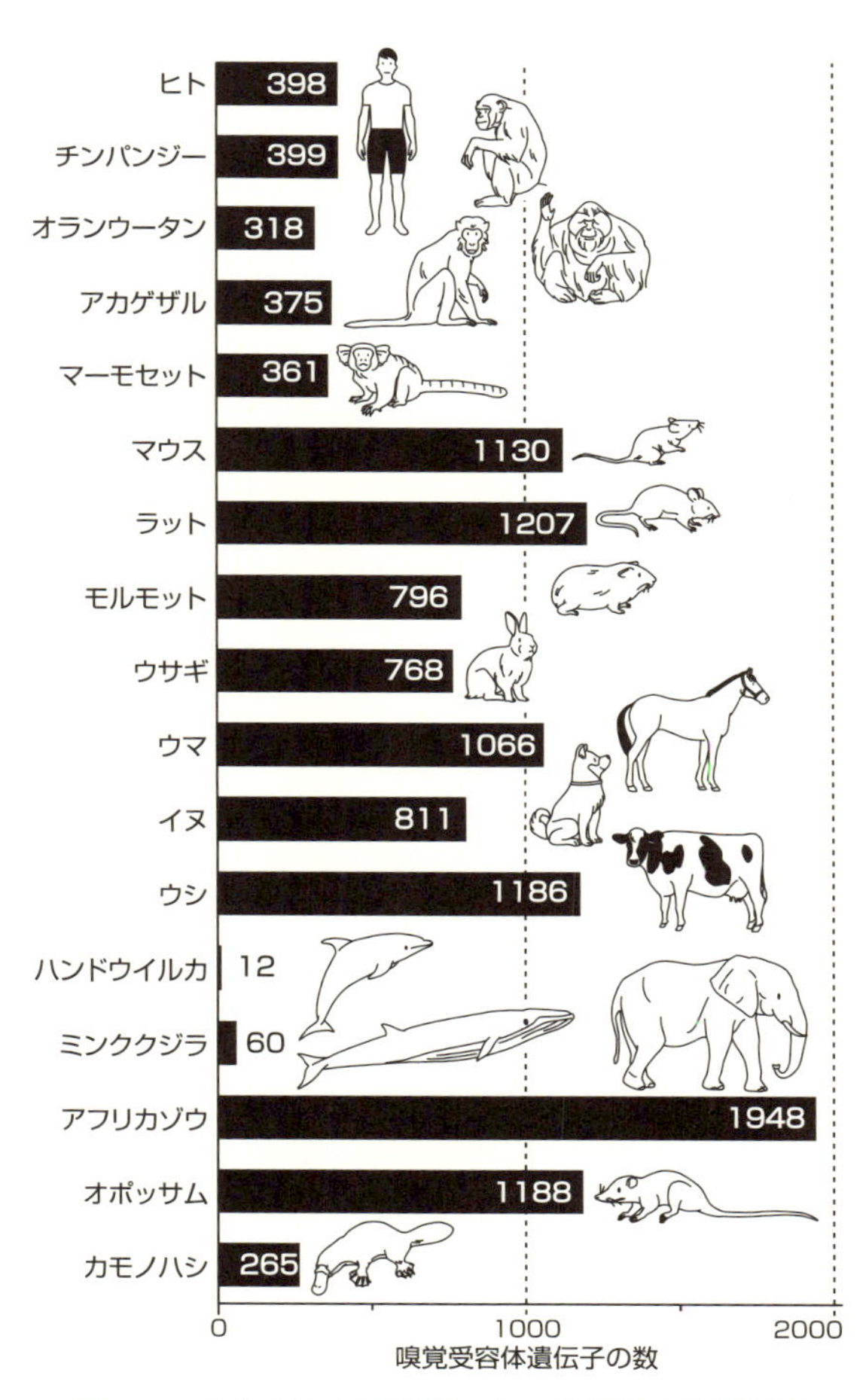

図 4-1 さまざまな哺乳類のもつ嗅覚受容体遺伝子の数．Niimura et al.（2014; 2018），Niimura and Nei（2007），Kishida et al.（2015）より．

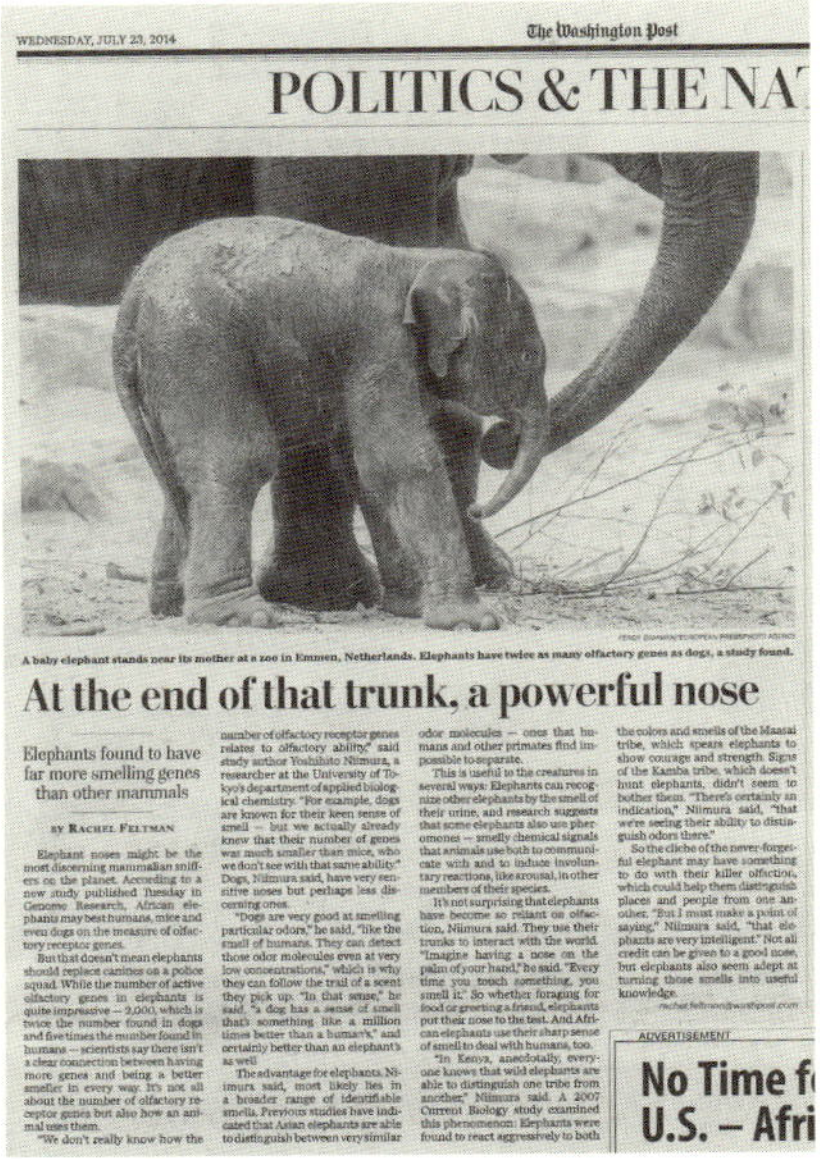

WEDNESDAY, JULY 23, 2014 The Washington Post

POLITICS & THE NAT

A baby elephant stands near its mother at a zoo in Emmen, Netherlands. Elephants have twice as many olfactory genes as dogs, a study found.

At the end of that trunk, a powerful nose

Elephants found to have far more smelling genes than other mammals

BY RACHEL FELTMAN

Elephant noses might be the most discerning mammalian sniffers on the planet. According to a new study published Tuesday in Genome Research, African elephants may best humans, mice and even dogs on the measure of olfactory receptor genes.

But that doesn't mean elephants should replace canines on a police squad. While the number of active olfactory genes in elephants is quite impressive — 2,000, which is twice the number found in dogs and five times the number found in humans — scientists say there isn't a clear connection between having more genes and being a better smeller in every way. It's not all about the number of olfactory receptor genes but also how an animal uses them.

"We don't really know how the number of olfactory receptor genes relates to olfactory ability," said study author Yoshihito Niimura, a researcher at the University of Tokyo's department of applied biological chemistry. "For example, dogs are known for their keen sense of smell — but we actually already knew that their number of genes was much smaller than mice, who we don't see with that same ability." Dogs, Niimura said, have very sensitive noses but perhaps less discerning ones.

"Dogs are very good at smelling particular odors," he said, "like the smell of humans. They can detect those odor molecules even at very low concentrations," which is why they can follow the trail of a scent they pick up. "In that sense," he said, "a dog has a sense of smell that's something like a million times better than a human's," and certainly better than an elephant's as well.

The advantage for elephants, Niimura said, most likely lies in a broader range of identifiable smells. Previous studies have indicated that Asian elephants are able to distinguish between very similar odor molecules — ones that humans and other primates find impossible to separate.

This is useful to the creatures in several ways: Elephants can recognize other elephants by the smell of their urine, and research suggests that some elephants also use pheromones — smelly chemical signals that animals use both to communicate with and to induce involuntary reactions, like arousal, in other members of their species.

It's not surprising that elephants have become so reliant on olfaction, Niimura said. They use their trunks to interact with the world. "Imagine having a nose on the palm of your hand," he said. "Every time you touch something, you smell it." So whether foraging for food or greeting a friend, elephants put their nose to the test. And African elephants use their sharp sense of smell to deal with humans, too.

"In Kenya, anecdotally, everyone knows that wild elephants are able to distinguish one tribe from another," Niimura said. A 2007 Current Biology study examined this phenomenon: Elephants were found to react aggressively to both the colors and smells of the Maasai tribe, which spears elephants to show courage and strength. Signs of the Kamba tribe, which doesn't hunt elephants, didn't seem to bother them. "There's certainly an indication," Niimura said, "that we're seeing their ability to distinguish odors there."

So the cliche of the never-forgetful elephant may have something to do with their killer olfaction, which could help them distinguish places and people from one another. "But I must make a point of saying," Niimura said, "that elephants are very intelligent." Not all credit can be given to a good nose, but elephants also seem adept at turning those smells into useful knowledge.

図 4-2　2014 年 7 月 23 日のワシントン・ポスト紙の記事

語圏の人にとっては、日本人が「鼻」と呼んでいるあの長い部分はノーズ(nose)ではなく、トランク(trunk)なのだ。trunkとは、「木の幹」などの意味をもつ単語である。その先端に、ノーズ(鼻)が付いていると認識されているのだ。

では、ゾウはイヌの2倍鼻が利くと言えるのだろうか？この点については後でもう一度考えることにして、まず、ゾウという動物について見ておこう。

アフリカゾウとアジアゾウ

ゾウには、アフリカゾウとアジアゾウの2種がいる[1](図4-3)。アフリカゾウは、サハラ以南のアフリカのサバンナや森林に広く分布する。一方、アジアゾウは、インドや東南アジアに生息している。

図 4-3　アフリカゾウ(左)とアジアゾウ(右)(123 RF)

アフリカゾウのほうが、アジアゾウよりも身体が大きい。もっとも目立つ違いは耳の大きさで、アフリカゾウは顔と同じくらいかそれ以上の大きな耳をもつ。また、アフリカゾウは背中の真ん中付近がへこんでいるのに対し、アジアゾウの背中は丸っこい形をしている。

アフリカゾウとアジアゾウはよく似ているようだが、遺伝的な違いは意外に大きい。DNAを用いた研究により、両者が分岐したのは今から約760万年前と推定されている。ヒトとチンパンジーが分かれたのが約600万年前だから、アフリカゾウとアジアゾウの違いは、ヒトとチンパンジーの違いよりも大きいのだ。

ゾウの嗅覚コミュニケーション

ゾウのトレードマークといえば、長い鼻。でも実は、ゾウの鼻は鼻そのものではなく、鼻と上唇が融合したものだ。ゾウの鼻は筋肉の塊で、骨や軟骨はない。ゾウの骨格標本を見ると、鼻の部分にぽっかりと穴が空いているのがわかるだろう

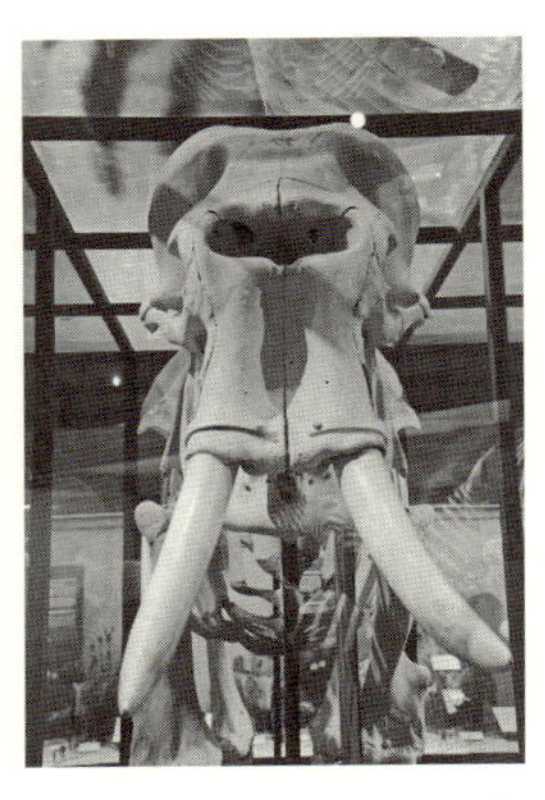

図 4-4　アジアゾウの骨格標本(シカゴ，フィールド博物館，著者撮影)

図 4-5　マストのアジアゾウ(インド，バネルガッタ国立公園にて，著者撮影)

(**図4-4**)。

ゾウは鼻を手のように器用に動かすことができるから、常に嗅覚を使って外界を探索しているように見える。手のひらに鼻が付いているようなものだ。地面の匂いを嗅ぐこともできるし、鼻を空中高く上げれば、遠くからやってくるかすかな匂いをとらえることもできる。

実際、ゾウは、仲間とのコミュニケーションをはじめ、さまざまな状況で匂い情報を利用している。

アフリカゾウ、アジアゾウともに、オスのゾウは年に一度、目の横にある側頭腺から独特の匂いのあるタール状のどろっとした液体を分泌する(**図4-5**)。この時期をマスト(musth)という。マストのときには、男性ホルモンであるテストステロンの濃度が何十倍にも上昇する。マストのオスゾウは凶暴で、とても危険である。

マストのゾウに踏みつぶされて亡くなる人が後をたたないという。そのため、マストのゾウの研究は難しく、その意義はあまりよくわかっていない。

アジアゾウの場合、10歳前後の性的に未成熟なオスは、マストの時期にハチミツのような甘い香りの液体を分泌する。ところが性成熟を迎えて大人になると、分泌液に含まれる成分が変化し、悪臭を放つようになる。この悪臭の正体は、2-ノナノンやフロンタリンといった匂い分子である。年をとるにつれ、マストの期間は長くなり、ますます凶暴になるとともに、2-ノナノンやフロンタリンの濃度も高くなる。

フロンタリンの分子を大人のオスに嗅がせても反応しないが、性成熟前の若いオスに嗅がせると逃げるような動作をする。メスに嗅がせた場合、その反応は性周期によって異なり、生殖可能な時期にもっとも強い興味を示す。フロンタリンの分子には(+)と(−)の2種類があって、(+)と(−)は互いに鏡に映した像の関係になっている。マストの分泌液には(+)と(−)の両方が含まれているが、その比率はオスの年齢によって変わり、若いオスほど(+)の比率が高く、年をとるにつれて(+)と(−)の比率が一対一に近づいていく。このようなことから、フロンタリンは、オスのアジアゾウの性成熟の程度を伝えるシグナルだと考えられる。

また、メスのアジアゾウの尿からは、酢酸(Z)-7-ドデセニルという性フェロモンが単離されている。メスの性周期に従って酢酸(Z)-7-ドデセニルの濃度が変化し、生殖可能な時期の前にもっとも濃度が高くなる。酢酸(Z)-7-ドデセニルの分子をオスゾウに嗅がせると、フレーメンと呼ばれる、交尾前に行うのと同様の独特の反応を引き起こす。

面白いことに、フロンタリンと酢酸(Z)-7-ドデセニルの両方とも、昆虫も性フェロモンとして利用している。フロンタリンはキクイムシの性フェロモンでもあり、酢酸(Z)-7-ドデセニルは140種あまりのガの性フェロモンでもある。つまり、アジアゾウとキクイムシ、あるいはアジアゾウとガは、同じ分子を性フェロモンとして利用しているわけだ。

なぜこのようなことが起きるかというと、生物のもつ代謝経路は多かれ少なかれ共通しているため、生物が生体内で合成できる揮発性分子の種類は限られているからだ。

とはいえ、オスのガがメスのゾウに間違って求愛することはない。ガが性フェロモンとして利用している分子は酢酸(Z)-7-ドデセニルだけではなく、5〜6種類の分子がブレンドされたものになっているためだ。ブレンドの比率は、ガのそれぞれの種ごとに厳密に決まっている。(そうでないと、140種のガの間で混乱が起きてしまう。)また、メスのガが発するフェロモンの量はごく微量なので、オスのゾウがメスのガに惹きつけられることもない。

アジアゾウの匂い嗅ぎ分け実験

アジアゾウはアフリカゾウに比べて人に慣れやすいため、アジアゾウは家畜としても利用されている。さまざまな実験により、アジアゾウはとても知能が高いことが示されている。

アジアゾウは、鏡に映った像を自分だと認識することができる。この自己認識能力をもつことが確認されている動物は、ヒトやチンパンジーなどの大型霊長類、イルカ、そしてアジアゾウだけである。

スウェーデンのマティアス・ラスカらの研究グループは、アジアゾウの匂いの嗅ぎ分け能力についてテストしている。彼らは、動物園で飼われている3頭のメスのアジアゾウを用いて実験を行った。窓に取りつけられた2つの箱から、別々の匂いが出てくる。2種類の匂いのうちどちらかが正解である。ゾウは2つの箱のうちどちらかを選ぶ。正解の匂いを選ぶと、ご褒美としてにんじんがもらえる。正解でないほうを選んだ場合は何ももらえない。もしゾウが2種類の匂いを区別できず、当てずっぽうに選んでいるとすると、にんじんがもらえる確率は50％だ。ゾウが50％よりも充分に高い割合で正解を選んでいれば、ゾウはその2種類の匂いを区別できていることになる。

2種類の匂いのうちのどちらが正解かを、どうやってゾウに教えるのだろうか？　最初は、一方の箱からはゾウの好きな、例えばバナナの匂い（酢酸アミル）が出てくるが、もう一方の箱は匂いなしという条件で実験を行う。どちらの箱がバナナの匂いで、どちらが匂いなしかは毎回ランダムに変える（場所を入れ替えることもあるし、入れ替えないこともある）。そうすると、やがてゾウは、バナナの匂いのする箱を選ぶとにんじんがもらえる、ということを学習する。バナナの匂いかそうでないかの区別は簡単なので、実験を重ねると、正解率はほぼ100％に達する。

何日かそのような実験を繰り返し、正解率が100％に近くなったところで、実験条件を変える。正解の匂い（バナナの匂い）はそのままにして、不正解のほうを匂いなしから別の匂いに変えるのだ。不正解の匂いは、バナナとは明らかに異なる匂い、例えば甘草の匂い（アネトール）を使う。そうすると、実験条件を変えたばかりのときは、ゾウは戸惑ってどちらを選ぶべきかわからなくなるだろう。でも、バナナの匂いを選んだ場合はにんじんをもらえるが、甘草の匂いを選んだときにはにんじんをもらえないから、やがてゾウは、これまでと同じようにバナナの匂いのする箱を選べばよいのだと学習する。これを繰り返すと、また正解率が上昇していく。

この実験もマスターしたら、次に正解のほうの匂いを変える。例えば、バナナの匂いをレモンの匂い（リモネン）に変える。すると、実験条件を変えたばかりのときはまた正解率が下がるが、やがてゾウは、今度は「レモンの匂いを選ぶとにんじんがもらえる」ということを学習する。

このようなことを繰り返して充分な訓練を積んだら、いよいよ、嗅ぎ分けが難しそうなよく似た匂いのペアを使って実験を行う。ここでは、「エナンチオマー」と呼ばれる匂い分子のペアを用いた。エナンチオマーというのは、互いに鏡に映した関係の分子で、右手と左手のようなものだ。ギリシア語で「反対」という意味をもつエナンチオス enantios という言葉に由来する。

一般に、生物はエナンチオマーを厳密に区別する。そのもっとも顕著な例が、私たちの身体を構成するタンパク質の成分であるアミノ酸だ。20種類のアミノ酸のうち、グリシンを除く19種類にはエナンチオマーがあるが、生物はそのうちの一方(L-アミノ酸)のみを用いている。

ところが、匂いの世界では、エナンチオマーによる違いはもっと微妙である。エナンチオマーのペアを嗅ぎ比べてみると、異なる匂いとして感じられるものや、匂いの質は同じだが強さが異なって感じられるようなペアもあるが、多くの場合は区別がつかない。

エナンチオマー間で匂いの質が異なる例として、カルボンがある(**図4-6**)。(−)-カルボンは爽やかなスペアミントの香りがするのに対し、それを鏡に映した(+)-カルボンはキャラウェイの香りがする。キャラウェイというのは、セリ科の植物の種子で、パンなどに入っている。香辛料として使われることもあり、別名を姫茴香という。実際、(−)-カルボンは天然のスペアミントの香りの主成分であり、(+)-カルボンは天然のキャラウェイの香りの主成分である。

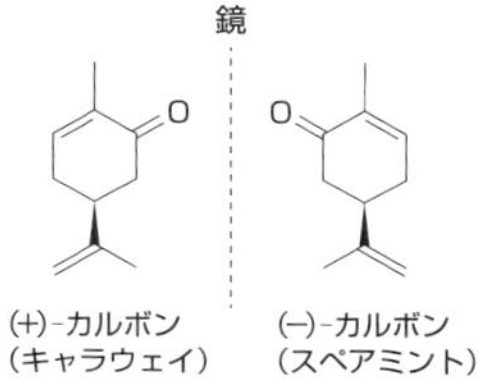

鏡

(+)-カルボン(キャラウェイ)　(−)-カルボン(スペアミント)

図4-6 エナンチオマー間で匂いが異なる例

この実験では、12種類のエナンチオマーのペアに対して、アジアゾウが嗅ぎ分けられるかどうかを調べた。その結果、3頭とも、12種類すべてのペアについて、当てずっぽうではありえないような高い正答率を示した。したがって、アジアゾウは12種類すべて

表 4-1　さまざまな動物の匂い嗅ぎ分け能力(Rizvanovic et al. 2013 より改変)

エナンチオマーのペア	アジアゾウ	マウス	ヒト	リスザル
カルボン	◯(3/3)	◯(8/8)	◯(17/20)	◯(5/6)
ジヒドロカルボン	◯(3/3)	◯(8/8)	◯(16/20)	◯(4/4)
ジヒドロカルベオール	◯(3/3)	◯(8/8)	◯(18/20)	◯(4/4)
リモネン	◯(3/3)	◯(8/8)	◯(18/20)	◯(6/6)
リモネンオキシド	◯(3/3)	◯(8/8)	×(4/20)	×(0/4)
イソプレゴール	◯(3/3)	◯(8/8)	×(3/20)	×(0/4)
メントール	◯(3/3)	◯(8/8)	×(5/20)	×(3/6)
β-シトロネロール	◯(3/3)	◯(8/8)	×(8/20)	×(3/6)
ローズオキシド	◯(3/3)	◯(8/8)	×(2/20)	×(0/6)
フェンコール	◯(3/3)	◯(8/8)	×(5/20)	◯(5/6)
α-ピネン	◯(3/3)	—	◯(18/20)	◯(6/6)
樟脳	◯(3/3)	◯(8/8)	×(4/20)	×(0/6)

◯は嗅ぎ分け成功，×は失敗．—は実験を行っていない．括弧の中の分数は，実験した個体数(分母)と嗅ぎ分けに成功した個体数(分子)を示す．例えばヒトの場合，20 人中 17 人がカルボンの嗅ぎ分けに成功した．

のエナンチオマーを嗅ぎ分けられると結論してよい。

では、他の動物はどうだろうか？**表4-1**は、アジアゾウに加え、マウス、ヒト、リスザルに対して同じエナンチオマーのペアを使って匂いの嗅ぎ分け実験を行った結果である。

ヒトの場合は、三点識別法という方法を用いた。これは、3つのサンプルの中から仲間はずれを当てるテストである。20人の被験者を用いた実験の結果、カルボン、ジヒドロカルボン、ジヒドロカルベオール、リモネン、**α-**ピネンの5種のエナンチオマーのペアに対しては、20人中ほとんど(16人以上)の人が(統計的に、当てずっぽうではないレベルで)識別できたが、それ以外の匂いペアに対しては一部(8人以下)の人しか識別できなかった。

メントールはミントの香りの主成分であるが、(＋)と(－)で匂いが異なるといわれている。(－)-メントールは清涼感のあるミントの香りがする。それに対して(＋)-メントールのほうは、ミントの匂いであることには変わりはないが、かび臭く、清涼感に欠ける[2]。しかしこの実験では、20人中5人しか両者を区別できなかった。

筆者も、「ゾウの嗅覚に挑戦!」と題して、三点識別法を用いて聴衆に(＋)-メントールと(－)-メントールの嗅ぎ分けテストをやってもらったことがあるが、正解者は全体の3分の1程度で、当てずっぽうと変わらなかった。だから、匂いの差はあるとしても微妙で、誰もが容易に嗅ぎ分けられるというものではないようだ。

興味深いことに、ヒトとリスザルが嗅ぎ分けに失敗したエナンチオマーのペアは、ほとんど同じだった。一方、マウスの場合は、8匹すべての個体で、実験に用いたすべてのエナンチオマーのペアに対して嗅ぎ分けができた。これらの実験から、アジアゾウの匂いの嗅ぎ分け能力は、少なくともマウスと同程度であり、ヒトやリスザルに比べると明らかに優れているということが結論できる。

アフリカゾウの嗅覚

アジアゾウの嗅覚は、確かに優れているようだ。では、アフリカゾウはどうだろうか?

アフリカゾウでアジアゾウのような実験を行うのは難しいため、他の動物の嗅覚能力と定量的に比較することはできない。アフリカゾウの嗅覚について調べた論文はほとんどないが、ここでは、アフリカゾウの嗅覚が優れていることを示す研究を一つ紹介しよう。英国のリチャード・バーンらとケニアの研究者からなる研究グループによるものだ。

キリマンジャロの麓に広がるケニアのアンセボリ国立公園には、1200頭あまりの野生のアフリカゾウがいる。この国立公園内に、マサイとカンバという2つの民族が暮らしている。マサイは戦士である。マサイの社会においては、男は勇敢なことがなによりも重視されるため、男が成人になる際の通過儀礼として、槍でゾウの狩りを行うという伝統がある。一方、カンバは農耕民族であり、ゾウに危害を加えることはない。そのため、ゾウはマサイを恐れるが、カンバのことは恐れない。このことは以前から知られていた。では、ゾウはなぜ相手がマサイだとわかるのだろうか。

この論文によれば、アフリカゾウは匂いの情報を手掛かりとして、マサイとカンバを区別しているという。

実験は次のように行った。まず、マサイとカンバの成人男性に、それぞれ5日間赤いシャツを着てもらう。そして、新品の赤シャツ、マサイが着た赤シャツ、カンバが着た赤シャツの3つを、ランダムな順番でアフリカゾウの群れに提示する。ゾウがシャツに気づいたあと、どのような行動をとるかを観察した。

結果は次のようになった。誰も着ていないシャツに対しては、ゾウは匂いを嗅いではみるものの、それほど関心を示さない。ところが、マサイが着たシャツを嗅いだ場合は、ゾウは長い距離を猛スピードで走って逃げ、その後しばらく警戒を解くことはなかった。カンバが着たシャツに対するゾウの反応は、着ていないシャツとマサイが着たシャツの中間だった。

見た目は同じシャツをゾウに提示しているから、この結果は、アフリカゾウは匂い情報によってマサイとカンバを区別できることを示している。アフリカゾウは、ヒトという同じ種内の2つの集団を嗅ぎ分けることができるのだ。

なぜそのようなことが可能なのだろうか？　一つの可能性は、マサイとカンバの食べ物の違いが体臭の違いとなって現れ、それを嗅ぎ分けているというものだ。両者の食生活は大きく異なる。農耕民族のカンバは野菜や穀物、肉類などを食べる。それに対してマサイは、牛などの遊牧を行って暮らしている。彼らの主食は牛乳であり、それに加えて牛の生き血や肉も摂取するという特徴的な食習慣をもっているのだ。

イヌの嗅覚

これまで、鼻が良い動物の代表といえばイヌだった。イヌは、動物界の嗅覚チャンピオンの座をゾウに明け渡してしまったのだろうか。実際のところ、イヌはどれほど鼻が良いのだろう？

インターネットでイヌの嗅覚について検索してみると、「イヌはヒトの1億倍鼻が良い」

などと書かれているのが見つかる。これはどういうことかというと、ある特定の匂い——例えば、ヒトの体臭の成分である酪酸(潰れた銀杏の匂い)——に対しては、ヒトがぎりぎり感知できる濃度(閾値)からさらに1億倍に薄めたものでもイヌには感知できる、ということだ。つまり、ここでいう「鼻の良さ」とは、「感度」のことである。

感度は、匂いによって異なることに注意しよう。イヌは肉食だから(ただし、ネコと違って厳密な肉食ではない)、獲物の匂い、つまり動物の体臭に関しては、感度が高いだろう。しかし、例えばバラの香りに関しては、それほどでもないかもしれない。

先に述べたアジアゾウの匂い嗅ぎ分け実験は、2つの匂いが異なって感じられるかどうかという「識別能力」を調べたものだ。同じ「鼻が良い」でも、感度と識別能力では異なる種類の鼻の良さを表している。

第3章で述べたように、嗅覚受容体と匂い分子との対応関係は、多対多になっている。2種類の嗅覚受容体があったとき、それぞれの受容体は少しずつ異なる配列をもつから、それぞれの受容体に結合する匂い分子の組み合わせも少しずつ異なる。匂いの認識とは、活性化された受容体の組み合わせに他ならないのであった。したがって、嗅覚受容体遺伝子の数が多ければ、それだけ嗅ぎ分けられる匂いの種類も多くなると考えることができる。つまり、嗅覚受容体遺伝子の数は、その動物の匂いの識別能力を反映している。

イヌの嗅覚受容体遺伝子の数は約800個で、それほど多くはない。このことは、イヌが嗅ぎ分ける必要のある匂いがゾウに比べて少ないことを示している。イヌにとっては、植物が発する匂いの微妙な違いを嗅ぎ分ける必要はないのかもしれない。

では、イヌの嗅覚感度が高い理由はなんだろうか？

嗅覚の感度を決める要因の一つは、嗅神経細胞の数である。嗅神経細胞の数が多ければ、それだけ、ある特定の匂いに結合する嗅覚受容体の数も多いことになる。ある匂いが、対応する嗅覚受容体に結合するかどうかは、確率的に決まる。したがって、嗅神経細胞がたくさんあれば、匂い分子の濃度が低くても、脳がその匂いを知覚するのに充分なだけの嗅神経細胞を興奮させることができる。

実際、ヒトのもつ嗅神経細胞の数は約500万個であるのに対し、イヌでは約2億個である。イヌの嗅上皮は複雑に折り畳まれた構造をしているため、ヒトの嗅上皮に比べてはるかに面積が大きい。ヒトの嗅上皮の面積は約2・4平方センチメートルだが、イヌでは約170平方センチメートルもある。嗅神経細胞1個の大きさはヒトでもイヌでも変わらないから、嗅上皮の面積はほぼ嗅神経細胞の数に比例すると考えてよい。

もう一つの要因は、嗅覚受容体そのものの感度の違いである。ある濃度の酪酸が、イヌの受容体は活性化するがヒトの受容体は活性化しないとすれば、その濃度の酪酸は、イヌには嗅げてもヒトには嗅げないということになる。ただし今のところ、特定の匂いに対する嗅覚受容体の感度をイヌとヒトで比較した研究はない。

それに加えて、鼻の解剖学的な構造の違いも関係しているかもしれない。米国のブレント・クレイブンらの研究グループは、イヌの鼻腔の複雑な構造をコンピュータ上に再現し、鼻腔内の空気の流れをシミュレーションした。その結果、イヌの鼻腔の構造は、吸気に含まれる匂い分子を効率よく嗅上皮に送り込むように最適化されているということがわかった。

それにしても、イヌの嗅覚感度は本当にヒトの1億倍もあるのだろうか？　この根拠を調べてみると、1953年(!)にドイツのノイハウスという研究者が発表したドイツ語の文献に行きつく。この論文には確かに、「酪酸に対する感度は、イヌはヒトの1億倍である」と書かれている。

ところが、モールトンという研究者が1973年に発表した論文によれば、同じ酪酸に対して、イヌの嗅覚感度はヒトの100倍だという。なんと、100万倍もの違いがある！1984年に別の研究者によって発表された論文では、イヌとヒトで同じ条件で測定できるように装置に工夫を凝らし、酢酸アミル(バナナの匂い)に対する嗅覚感度を比較した。その結果、イヌの感度はヒトの300倍と見積もられた。もっと最近の研究として、2006年に同じ酢酸アミルに対する感度を測定したものがある。その研究では、酢酸アミルに対するイヌの感度はヒトの1万～10万倍となった。

このように、同じ匂いに対する感度であっても、論文によって結果は大きく異なっている。ヒトとイヌという異なる種を、同一の条件で比較することは難しい。また、イヌなどの大型動物では、マウスのように、何十四、何百匹を使って実験を行うわけにはいかない。嗅覚感度は個体差が非常に大きいにもかかわらず、数匹の測定結果から結論を出さざるを得ないのだ。イヌの品種や年齢、その個体がどれほど訓練されているかによっても結果は大きく変わってくるだろう。

結局、イヌの嗅覚感度がどれほど優れているかは、よくわからない。1億倍という数値は、イヌとヒトの嗅覚感度を比較した論文の中で、もっとも古く、もっとも極端なデータである。その値が、何十年もの間、ずっと引用され続けているのだ。

イルカとクジラ

逆に、鼻の利かない動物といえば、イルカである(図4-1)。イルカの鼻は頭のてっぺんにある。イルカはまったく嗅覚をもたないと考えられている。イルカの鼻は頭のてっぺんにある。しかし、これは呼吸孔としての役割しかなく、嗅覚器としての機能は失われている。嗅神経が退化してしまっているのだ。イルカの脳には、嗅覚情報を処理するための嗅球もない。

さらに、イルカは味音痴でもある。5種類の基本味のうち、甘味・旨味・苦味・酸味の受容体はすべて消失してしまっており、塩味以外の味覚は感じることができない。イルカには歯があるが、餌を咀嚼することはせず、丸呑みしてしまう。だから、食べ物を味わって食べるということはないようだ。

その代わりにイルカは、反響定位（エコーロケーション）という特殊能力を進化させた。メロン体と呼ばれる器官から音波を発し、それが対象物に反射して跳ね返ってくるまでの時間から、物体の位置や大きさ、動きを知ることができる。イルカは聴覚に依存した動物だといえるだろう。

実は、「イルカ」と「クジラ」は、生物学的な分類ではない。イルカとクジラの仲間を総称してクジラ類と呼ぶ。クジラ類は、歯をもつ「ハクジラ」と、歯をもたない「ヒゲクジラ」の2つのグループに分類される。そして、ハクジラの中で比較的小型のものを「イルカ」と呼んでいるのである。水族館のイルカショーでお馴染みのハンドウイルカ（バンドウイルカともいう）やシャチ、龍涎香が採れるマッコウクジラは、いずれもハクジラの仲間である。マッコウクジラは、ハクジラの中ではいちばん大きい。一方、地球上でいちばん大きな動物として知られるシロナガスクジラは、ヒゲクジラの一種だ。ヒゲクジラは、歯をもたない代わりに、上顎に「鯨ひげ」と呼ばれる繊維が板状になった器官をもち、オキアミなどの海中のプランクトンを濾しとって食べる。

反響定位の能力は、ハクジラで特によく発達している。ヒゲクジラも反響定位を行うが、ハクジラほどの精度はない。その代わり、ヒゲクジラはわずかながら嗅覚を保持していると考えられる。ヒゲクジラの場合は、退化してはいるものの、脳には嗅球があり、嗅上皮や嗅神経も保持している。ヒゲクジラは、呼吸をするために水面に浮上してきたときに潮吹きを行うが、その際、餌となるオキアミなどの匂いを感知しているようである。そのことを反映して、ヒゲクジラはハクジラに比べて多くの嗅覚受容体遺伝子をもっている(図4-1、ミンククジラはヒゲクジラの一種)。

クジラ類は、系統的にはカバに近いことがわかっている。カバは、かつては、蹄(ひづめ)が偶数個に割れている偶蹄目(ぐうていもく)と呼ばれるグループに分類されてきた。偶蹄目には、カバに加えて、ウシ、ブタ、シカ、キリン、ラクダなどが含まれる。ところが、DNAを用いた系統解析の結果、カバは偶蹄目の他の動物(ウシ、ブタ、シカ、キリン、ラクダなど)よりもむしろ、クジラ類に近縁であることが明らかになったのである。そのため現在では、偶蹄目とクジラ類を合わせて、「クジラ偶蹄目」という一つのグループにまとめられている。

クジラ類は、約5000万年前に水中生活に適応したと考えられている。それ以前は、陸上に暮らす他の哺乳類と同様に、嗅覚に頼って生活していたはずだ。哺乳類の嗅覚器は、空気中にある揮発性の匂い分子をとらえるのに適応しており、水中ではうまく機能しない。そのため、かつてもっていた嗅覚受容体は機能を失い、そのほとんどはゲノムから消えてしまったのだろう。

注

(1)　DNAを用いた最近の研究によれば、これまでアフリカゾウの亜種とされてきたマルミミゾウを別種と見なすべきだということが主張されている。この主張に従えば、アジアゾウ、アフリカゾウ(サバンナゾウ)、マルミミゾウの3種のゾウがいることになる。

(2) 天然のミントの香りの主成分は(－)-メントールで、(＋)-メントールは含まれない。ところが、人工的にメントールを合成すると、(＋)-メントールと(－)-メントールが50％ずつ混じったものができてしまう。ミントの香料として用いるためには、(－)-メントールのみを人工的に合成する必要がある。これにはじめて成功したのが名古屋大学の野依良治である。野依は、エナンチオマーの一方だけを合成する手法を確立し、2001年にノーベル化学賞を受賞した。

第5章　遺伝子とゲノムの進化

絶え間ない自然淘汰の圧力から逃れる手段は、遺伝子重複の機構によってもたらされる。遺伝子重複によって、遺伝子座の冗長なコピーが新生する。自然淘汰はこのような冗長コピーの存在を往々にして無視するし、無視されている間に、冗長な遺伝子コピーは、それまで不可能であった禁制突然変異を蓄積し、以前にはなかった機能をもつ遺伝子座に生まれ変わる。このようにして、遺伝子重複が進化の主要動因として登場してくるのである。

（S・オオノ『遺伝子重複による進化』山岸秀夫、梁永弘訳、岩波書店、1977）

ゲノムとは

これまでにたびたび「ゲノム」「遺伝子」という言葉が出てきたが、ここでそれらの言葉について整理しておこう。

ゲノムとは、「ある生物がもっている遺伝情報の総体」のことだ。ゲノム(genome)という言葉は、1920年にドイツの遺伝学者ハンス・ウィンクラーが、「遺伝子(gene)」と「染色体(chromosome)」の前と後ろをつなぎ合わせて作った造語である。

日本語の「ゲノム」は、ドイツ語のGenomの発音に由来している。当時、遺伝学の世界ではドイツがもっとも先進的だったためだ。日本語の文献でも、1930年にはすでに「ゲノム」という言葉が使われている。

なお「遺伝子」は、1920年代の日本語の文献では「ゲン」と書かれている。これは、ドイツ語で遺伝子を意味するGenの発音をそのまま使ったものだ。

当時ドイツから輸入された遺伝学用語のほとんどは日本語に翻訳されているのだが、なぜ「ゲノム」という言葉だけ翻訳されずにそのまま使われ続けているのかはよくわからない。

私たちの身体は、約60兆個の細胞からできている。それぞれの細胞は核をもっていて、この核の中に染色体が格納されている(**図5-1**)。ヒトはふつう、合計46本の染色体をもつ。[1] このうち44本は常染色体と呼ばれ、2本ずつがペアを作っている。ペアのうち一方は母親から、もう一方は父親から受け継いだものだ。常染色体は、大きい方から順に1番から22番まで番号が振られている。[2] 残り2本は性染色体で、男性はXとYを1本ずつ、女性はXを2本もっている。

染色体の物理的な実体は、DNA(デオキシリボ核酸)という分子である。DNAは、A、T、G、Cの4種類の分子が鎖のように一次元的につながったものだ。このA、T、G、C

は、ＤＮＡ分子の中の「塩基」と呼ばれる部分なので、ＤＮＡの長さは、塩基が何個つながっているかで表す。

ヒトのゲノムの長さは約30億塩基である。先ほど述べたように、私たちは１番から22番までの常染色体を２本ずつもっている。母親由来の染色体と父親由来の染色体はほとんど同じ情報をもっているので、ゲノムの大きさ（長さ）を考える場合、常染色体１本分だけを含める。１番から22番までの常染色体１本ずつに、Ｘ染色体とＹ染色体を合わせた長さの合計が約30億塩基ということになる。したがって、それぞれの細胞には、そのほぼ２倍、約60億塩基分のＤＮＡが格納されている。

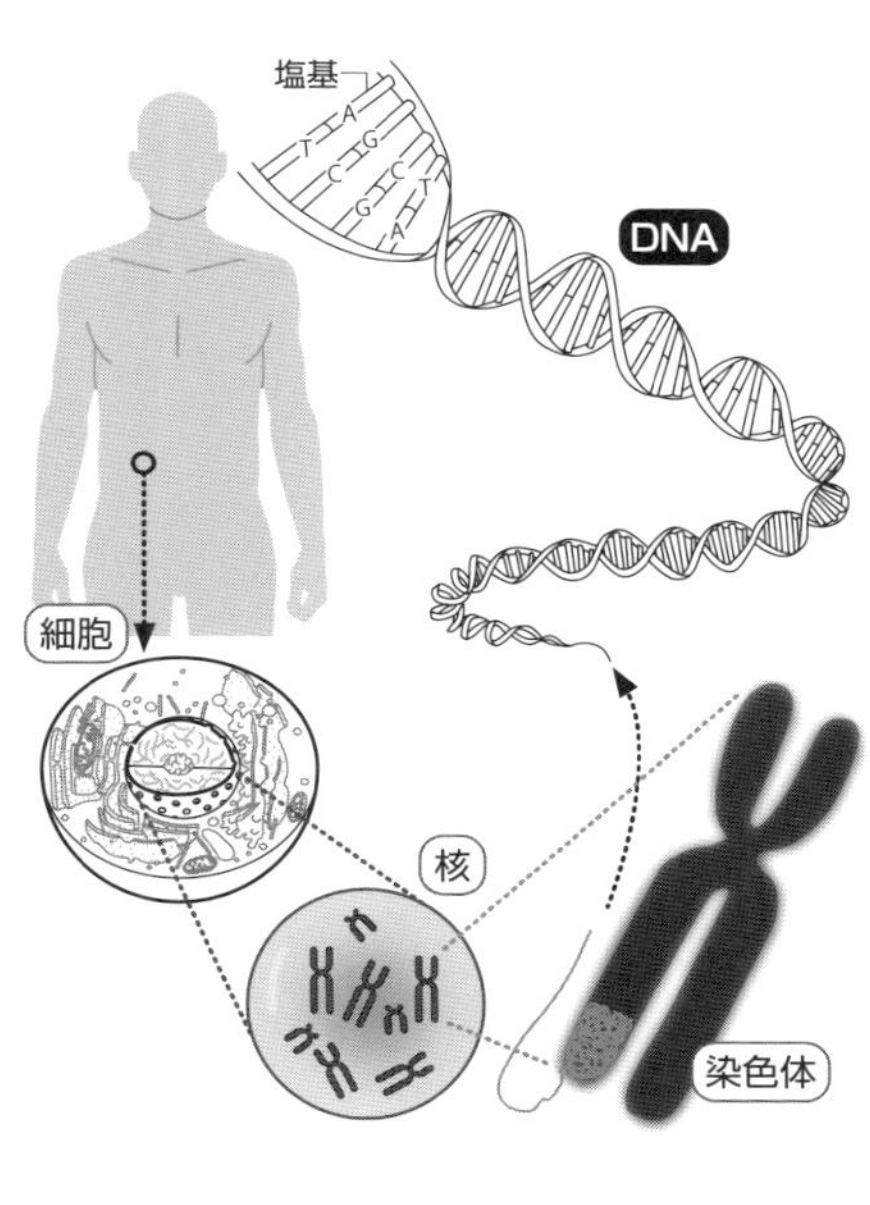

図 **5-1**　染色体と DNA

ちなみに、60億塩基のＤＮＡをすべてつなぎ合わせてまっすぐに伸ばすと、約２メートルの長さになる。ヒトの細胞の大きさは平均20マイクロメートル（0.02ミリメートル）程度だから、１個の細胞の中に驚くべき情報量が詰め込まれている。では、私たちの身体の中にあるＤＮＡをすべてつなぎ合わせると、どのくらいの長さになるだろうか？　計算してみればわかるが、地球と太陽の間を４００往復できるほどの長さになる！

ゲノムから遺伝子を探す

「遺伝子」は生物学にとってとても基本的な概念だが、実はさまざまな定義がある。ゲノムのどの部分を遺伝子と呼ぶべきかは、研究者によって見解が異なるのだ。ここでは一番シンプルに、ゲノムのうち「タンパク質のアミノ酸配列の情報が書き込まれている部分」を遺伝子と呼ぶことにする。

ＤＮＡはＡ、Ｔ、Ｇ、Ｃの4種類の分子が鎖のようにつながったものだが、タンパク質は20種類のアミノ酸が鎖のようにつながったものだ。必要に応じて、ゲノム（ＤＮＡ）の中の遺伝子の部分が「翻訳」され、タンパク質が合成される。私たちの身体は約60兆個の細胞から成り立っているが、それぞれの細胞は基本的にはすべて同じＤＮＡをもっている。それにもかかわらず、ある細胞は筋肉になり、別の細胞は神経になり、また別の細胞は白血球になり……という具合に別々の機能を果たすことができるのは、細胞ごとに異なる遺伝子が翻訳されているからだ。

実は、ゲノム全体のうち、遺伝子の領域はごく一部分にすぎない。ヒトゲノムの場合、遺伝子の領域は全体の約１・５％である。遺伝子以外の領域は何をしているかというと、一つ

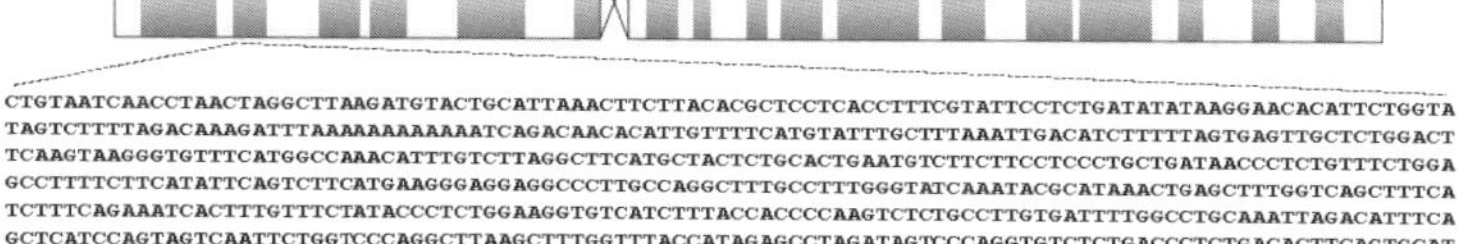

図5-2 ヒト11番染色体の452万2001番目から452万4000番目までの塩基配列

は、それぞれの遺伝子が翻訳されるタイミングや分量を制御するために使われている。また、染色体の構造を物理的に保持するために必要な領域もある。でも、そのような領域を全部合わせても、ゲノム全体に占める割合はそう多くはない。

ゲノム中の多くの領域は、機能がわかっていない。そして、機能不明の領域の多くは、単純な配列(A、T、G、Cの並び方)の繰り返しで占められている。そのような機能不明の繰り返し配列は、「ジャンクDNA」と呼ばれる(「ジャンク(junk)」は「がらくた」という意味)。ヒトゲノムの場合、ゲノム全体の約半分はジャンクDNAである。

図5-2を見ていただきたい。これは、ヒト11番染色体のDNA配列の一部を示したものだ。この中のどこかに嗅覚受容体遺伝子の情報が書き込まれているのだが、どこにあるかわかるだろうか?

わからなくて当然なのだが、答は**図5-3**にある。

```
CTGTAATCAACCTAACTAGGCTTAAGATGTACTGCATTAAACTTCTTACACGCTCCTCACCTTTCGTATTCCTCTGATATATAAGGAACACATTCTGGTA
TAGTCTTTTAGACAAAGATTTAAAAAAAAAAAAATCAGACAACACATTGTTTTCATGTATTTGCTTTAAATTGACATCTTTTTAGTGAGTTGCTCTGGACT
TCAAGTAAGGGTGTTTCATGGCCAAACATTTGTCTTAGGCTTCATGCTACTCTGCACTGAATGTCTTCTTCCTCCCTGCTGATAACCCTCTGTTTCTGGA
GCCTTTTCTTCATATTCAGTCTTCATGAAGGGAGGAGGCCCTTGCCAGGCTTTGCCTTTGGGTATCAAATACGCATAAACTGAGCTTTGGTCAGCTTTCA
TCTTTCAGAAATCACTTTGTTTCTATACCCTCTGGAAGGTGTCATCTTTACCACCCCAAGTCTCTGCCTTGTGATTTTGGCCTGCAAATTAGACATTTCA
GCTCATCCAGTAGTCAATTCTGGTCCCAGGCTTAAGCTTTGGTTTACCATAGAGCCTAGATAGTCCCAGGTGTCTCTGACCCTCTGACACTTCAGTGCAT
CTCCTTTTCTTTCAAGTAGCTGTACACTCTAAAACCTTCCAACATGATCTCAAGCACCACCTCATAGCCTACCTGCAGTGGTAAATGACCAGATAGTTAT
TTGCTTTAGGTCAGTTCATTCACTGATGCAAGAATATCACTCCTCGAAGGTCATACTGCAAAAAGATGTATTTCATTCAAATGAGTGTTTTGGCTTGTAC
TTTCTAAGATTTTGCGAACATTTAGTATAATGTGACACTGACGTTCTAGAATTTCTTCTAAAGATGACTTATCTAACATCTAGTCAGTGACCCTATTAT
TATAGGAACTTAGAGTAAAATATTGTCTTTTATTTCCAGGAAAAACATCCTGCTGCGTTTAGTGGTACAAGTGAGAAGGTTCACATATAAATAGCCATGC
TCACTTTTCATAATGTCTGCTCAGTACCCAGCTCCTTCTGGCTCACTGGCATCCCAGGGCTGGAGTCCCTACACGTCTGGCTCTCCATCCCCTTTGGCTC
CATGTACCTGGTGGCTGTGGTGGGGAATGTGACCATCCTGGCTGTGGTAAAGATAGAACGCAGCCTGCACCAGCCCATGTACTTTTTCTTGTGCATGTTG
GCTGCCATTGACCTGGTTCTGTCTACTTCCACTATACCCAAACTTCTGGGAATCTTCTGGTTCGGTGCTTGTGACATTGGCCTGGACGCCTGCTTGGGCC
AAATGTTCCTTATCCACTGCTTTGCCACTGTTGAGTCAGGCATCTTCCTTGCCATGGCTTTTGATCGCTACGTGGCCATCTGCAACCCACTACGTCATAG
CATGGTGCTCACTTATACAGTGGTGGGTCGTTTGGGGCTTGTTTCTCTCCTCCGGGGTGTTCTCTACATTGGACCTCTGCCTCTGATGATCCGCCTGCGG
CTGCCCCTTTATAAAACCCATGTTATCTCCCACTCCTACTGTGAGCACATGGCTGTAGTTGCCTTGACATGTGGCGACAGCAGGGTCAATAATGTCTATG
GGCTGAGCATCGGCTTTCTGGTGTTGATCCTGGACTCAGTGGCTATTGCTGCATCCTATGTGATGATTTTCAGGGCCGTGATGGGGTTAGCCACTCCTGA
GGCTAGGCTTAAAACCCTGGGGACATGCGCTTCTCACCTCTGTGCCATCCTGATCTTTTATGTTCCCATTGCTGTTTCTTCCCTGATTCACCGATTTGGT
CAGTGTGTGCCTCCTCCAGTCCACACTCTGCTGGCCAACTTCTATCTCCTCATTCCTCCAATCCTCAATCCCATTGTCTATGCTGTTCGCACCAAGCAGA
TCCGAGAGAGCCTTCTCCAAATACCAAGGATAGAAATGAAGATTAGATGATTACTATTTTCTTCTCTCTCAAATAAGCTCATGGAGAAGGTGTTTAAATA
```

図 5-3　灰色の部分に嗅覚受容体遺伝子がある！

嗅覚受容体遺伝子はすべてある特徴的な配列をもっているので、そのパターンに当てはまるような配列を探してくれればいい。このような作業はコンピュータにはお手のものだ。30億文字すべてを端からスキャンして、パターンに当てはまる配列をリストアップしてくれる。ゲノムの配列は4種類の文字からなるデジタルデータなので、コンピュータで扱いやすいのだ。また、膨大なゲノムデータの解析は、コンピュータの助けなしには不可能である。

ヒトゲノムの配列をコンピュータで検索してみると、嗅覚受容体遺伝子の配列が約４００か所見つかる。その配列が嗅覚受容体の遺伝子であることは、遺伝子から作られるタンパク質が実際に匂い分子に結合するかどうかを確かめなくても、配列を見れば判定できる。

２０１８年の時点での最新のヒトゲノム配列からは、３９８個の嗅覚受容体遺伝子が見つかった[3]。ただし、厳密な個数にはあまり意味はない。それはなぜかというと、嗅覚受容体遺伝子の数は人によって異なっているからだ。第3章で説明したように、各自がもっている嗅覚受容体遺伝子のレパートリーは少しずつ異なる。ある人がもっている嗅覚受容体遺伝子が、別の人のゲノム上には存在しないということもありうるのだ。実は、嗅覚受容体遺伝子は、ヒトゲノムの中でもとりわけ個人差が大きい領域であることがわかっている。

ゲノム配列をどうやって決めるか

ヒトゲノムは、2003年に解読された。（ある生物のゲノムに対し、A、T、G、Cの4種類の文字がどのような順番で並んでいるかを明らかにすることを、ゲノムを「解読する」あるいは「決定する」という。）ヒトゲノム解読計画は、15年の歳月と27億ドルもの費用を要した、生物学史上最大の巨大プロジェクトだった。2003年は、ジェームズ・ワトソンとフランシス・クリックの2人がDNAの二重らせん構造を発見してからちょうど半世紀にあたる節目の年で、この年に間に合うように、世界各国の研究者が協力してプロジェクトを遂行したのだ。

ある生物の完全なゲノム配列が初めて解読されたのは、1995年のことだった。その生物はインフルエンザ菌（ヘモフィルス・インフルエンザ）[4]という細菌である。インフルエンザ菌のゲノムは、183万137塩基からなる環状のDNAで、そのゲノムからは1743個の

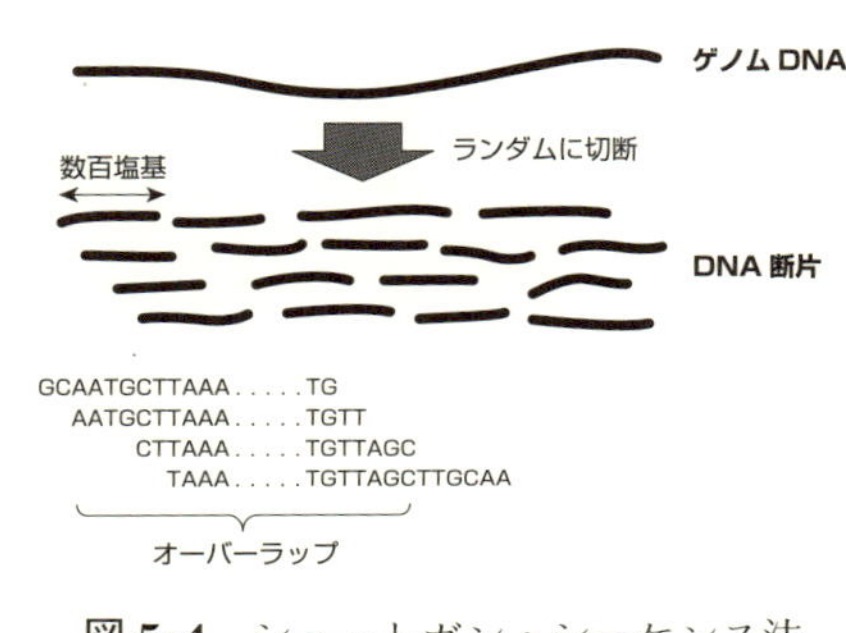

図5-4　ショットガン・シーケンス法

遺伝子が見つかった。

　このゲノム配列は、「ショットガン・シーケンス法」という方法で解読された（「シーケンス」は「配列決定」という意味）。ショットガン・シーケンス法は以下のような方法である（**図5-4**）。まず、生物からDNAを抽出し、それに物理的な振動を加えてばらばらに切断する。DNAが平均数百塩基の長さに切断されるように振動の強さを調節する。DNAはランダムに切断されるから、それぞれの断片の長さはまちまちだし、ゲノムのどこに由来しているかもわからない。それらの断片を、DNA配列読み取り装置（シーケンサー）で片っ端から解読していく。その際、解読されたDNA配列の長さの合計が、その生物のゲノム全長の何倍、何十倍になるように、大量のDNA配列を決定する。そうすると、ゲノムの同じ領域に由来するDNA配列が何度も重複して読まれることになる。もし、ある程度の長さをもつ同一の配列が複数の断片から見つかれば、それはゲノムの同じ領域に由来すると考えられる。そのような共通する配列を手掛かりにして、あたかもジグソーパズルを組み立てるように、配列断片をつなぎ合わせていくのである。

　力業ともいえる単純な方法だが、この方法がうまくいった背景は二つある。一つは、DN

A配列読み取り装置の存在である。1980年代の終わりに、数百塩基のDNAに対して、A、T、G、Cがどのような順序で並んでいるかを自動的に解読してくれる機械が発売され、大規模なゲノム解読が可能になった。もう一つは、コンピュータの性能が向上して、ゲノム配列をつなぎ合わせるために必要な、膨大な計算が可能になったことだ。

ひとたびこの方法でうまくいくことがわかると、さまざまな細菌のゲノムが解読されるようになった。しかし、細菌のゲノムは数百万塩基であるのに対し、ヒトゲノムはその約千倍もの大きさがある。ヒトゲノム解読の難しさは、単にサイズが大きいというだけではない。それよりも大きな障壁だったのは、ジャンクDNAの存在である。先ほど述べたように、ヒトゲノムの約半分は、単純な配列の繰り返しで占められている。例えば、AAAAA…、GCGCGC…といった1塩基、2塩基の繰り返し配列が多数ある。また、ゲノム中に何百万回も出現する、数百塩基からなるよく似た配列もある。先に説明したショットガン・シーケンス法では、複数の配列断片中に同じ塩基配列が出現すれば、それはゲノムの同じ領域に由来すると仮定している。しかし、ヒトゲノムではそもそもその仮定が成り立たないのである。

そのため、ヒトゲノム解読計画では、「階層的ショットガン・シーケンス法」という手法がとられた。詳細は省くが、この手法では、各染色体を数万から数十万塩基の長いDNA断片に切断し、それぞれのDNA断片が何番染色体のどの辺に位置しているかを一つずつ特定していく。そして、各DNA断片についてショットガン・シーケンス法を適用して配列を決定したのち、最後に全体をつなぎ合わせるというものだ。この手法は費用も手間もかかるため、この方法で解読されたゲノム配列は、ヒトの他にはマウスやショウジョウバエなど、昔から実験に使われてきたいくつかの生物に限られていた。

ところが、2010年頃から、「次世代シーケンサー」と呼ばれる新型のDNA配列読み取り装置が普及し始めた。次世代シーケンサーは、これまでの装置に比べて圧倒的に配列決定の速度が速く、大量のデータを同時に扱うことができる。また、数十万塩基程度の長いDNA配列を連続して読み取ることができる装置も出現した。DNA配列読み取り装置の改良に加えて、決定された配列断片をつなぎ合わせるためのコンピュータの計算能力も飛躍的に向上した。さらに、ゲノム配列断片を効率よくつなぎ合わせるためのアルゴリズムの開発など、理論上の進展もあった。

このようなさまざまな要因により、ますます安価に、短時間でゲノム配列を決定することが可能になった。2018年現在では、百万円程度の費用と数か月の時間があれば、新規の哺乳類ゲノムを解読することができるまでになっている。（ヒトゲノムの解読には、15年の歳月と27億ドルの費用を要したことを思い出してほしい。）

ゲノム配列の解読が比較的容易にできるようになると、ある生物についてなにかを知りたいと思ったら、まずはゲノム配列を決定しようということになる。大型哺乳類や絶滅危惧種など、実験を行うことができない生物であっても、少量のサンプルさえ手に入れば、同じような手法でゲノム配列を決定することができる。そして、ひとたびゲノム配列が得られれば、すでに解読されている他の生物のゲノムと比較することによって、その生物がどんな遺伝子をもっていて、どんな遺伝子をもっていないかがわかる。（もっていない遺伝子は、ゲノム全体を調べてみないとわからないことに注意。）さらに詳細な解析を行えば、その生物の特徴がゲノムのどこに書き込まれているかも見えてくるだろう。

１９５３年にジェームズ・ワトソンとフランシス・クリックがＤＮＡの二重らせん構造を解明して以降、分子生物学が大きく花開いた。分子生物学は生物の普遍的なメカニズムを明らかにしようとする学問である。分子生物学は大成功を収め、20世紀後半の半世紀に、私たちの生命に対する理解は急速に深まった。

フランスのジャック・モノーは、大腸菌を研究して、状況に応じて遺伝子のスイッチがオンになったりオフになったりする分子機構を解明した。この業績により、１９６５年にフランソワ・ジャコブとともにノーベル生理学・医学賞を受賞している。モノーは、「大腸菌に当てはまることは、ゾウにも当てはまる」という言葉を残している。だがもちろん、大腸菌にしか当てはまらないこともあるし、ゾウにしか当てはまらないこともある。ゾウのことは、ゾウを調べてみないとわからない。近年のゲノム科学の進展によって、そんなゾウの「特殊性」がなにかを理解できるようになってきた。ゲノム科学は、これまでに切り捨てられてきた生物の「多様性」に光を当てようとするものなのだ。

ＤＮＡ配列のデータベース

世界各地の研究室で決定されたＤＮＡ配列のデータは、かならず公的なデータベースに登録しなければならない。公的なデータベースに登録すると、配列ごとにＩＤが割り振られる。そのＩＤがないと論文が受理されないことになっているのだ。

公的なデータベースは、日本、米国、英国の世界3か所にある機関が管理している。日本では、静岡県三島市にある国立遺伝学研究所がその任務を請け負っている。三つの機関は毎日データをやりとりしているので、登録されている内容はどれも同じである。すべてのデータはインターネットで公開され、無料で利用することができる。つまり、インターネットに接続されたコンピュータさえあれば、誰にでも新発見のチャンスがあるということだ。

公的データベースに登録されたＤＮＡ配列のデータ量は、およそ5年間で10倍くらいのペースで増え続けている。２０１８年６月の時点でのデータ量は、全部で３兆２０８５億７５２０万８６２５塩基である！

また、２０１８年7月現在、ゲノム配列が解読された生物種の数は、細菌５７２０種、脊椎動物４７６種、そして哺乳類１６６種にのぼる。

これまでに記載された脊椎動物は全部で６万６０００種ほどあるが、そのうち１万種のゲノム配列を解読しようというプロジェクトも進行している。地球上のあらゆる生物のゲノムが解読される日もそう遠くはないかもしれない。

遺伝子重複による進化

ヒトゲノムには、嗅覚受容体遺伝子が約400個ある。それら400個の遺伝子は、互いに配列が類似している。それはなぜかというと、それらの遺伝子はすべてたった一つの祖先遺伝子に由来しているからだ。

1個だった祖先遺伝子がなぜ400個になったかというと、進化の過程で、遺伝子の数が増えることがあるからだ。これを遺伝子重複（ちょうふく）という。

遺伝子重複が起きるメカニズムはいくつかあるが、もっとも基本的なものは、DNA複製のエラーによるものである。細胞が分裂するとき、核の中にある染色体（DNA）のコピーが作られる。DNAは2本の鎖が絡み合った二重らせん構造をとっているが、コピーが作られるときには2本の鎖がほどける。そして、それぞれの鎖を鋳型にしてもう一方の鎖が合成され、完全な二重らせんが2本できあがる。

ヒトの場合、30億塩基もの長さをもつDNAをコピーしなければならない。たまにエラーが起きて、元とは少し違うコピーが作られてしまうことがある。これを突然変異という。突然変異はエラーだから、あまりたくさん起きると困る。でも、突然変異がまったく起きなければ、生物は永久に変化しないことになってしまう。適度に突然変異が起きるからこそ、生物は進化することができるのだ。

遺伝子重複も突然変異の一種だ。染色体が複製される際に、ある遺伝子を含む領域が誤って2回コピーされてしまう。そうすると、元の染色体には1個しかなかった遺伝子が、複製されたときには2個に増えている。ゲノム中にまったく同じ遺伝子が2個あったところで、あまり有り難みはないだろう。ところがその後、2個の遺伝子のうちの一方に配列を変化させるような突然変異が起き、元の遺伝子とは少し違う機能をもつ遺伝子ができることがある(図5-5)。例えば嗅覚受容体の場合、結合する匂い分子が少し変わるとする。そうすると、その遺伝子をもつ生物は、これまでに認識できなかった匂いを嗅ぐことができるようになるかもしれない。そのような幸運はそう簡単には起きないが、何億年という進化のタイムスケールで考えると、それなりの頻度で起きているのだ。

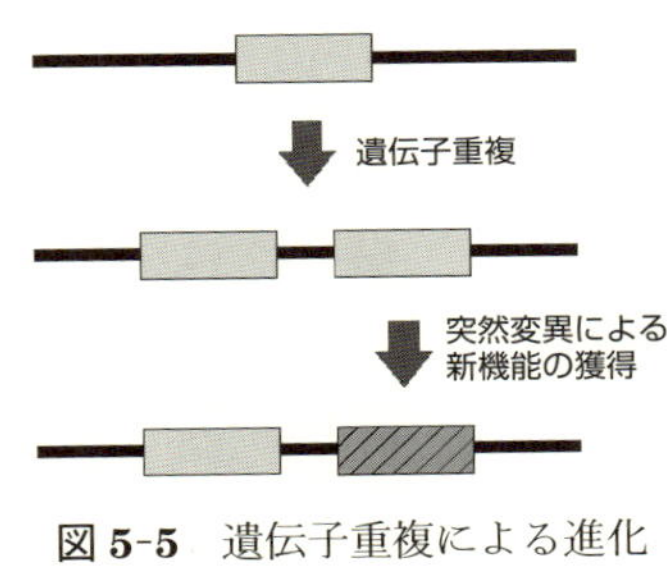

図5-5 遺伝子重複による進化

大野乾(すすむ)は、遺伝子重複こそが進化の原動力と考え、1970年に出版された著書"Evolution by Gene Duplication"(邦訳の題名は『遺伝子重複による進化』)でその考えを世に広めた。ある遺伝子に突然変異が起きて、機能が変化したとしよう。そうすると、その遺伝子が元々もっていた機能は失われてしまうことになる。元の機能が生物にとって重要なら、そのような突然変異は有害だから、自然淘汰によって消えてしまう。

しかしもし、遺伝子重複が起きて、同じ遺伝子を2個もっていたらどうだろう。一方の遺伝子に突然変異が起きて機能が変化しても、もう一方の遺伝子が元の機能を保持していてくれるから、生物にとっては何も困ることはない。さらに、突然変異によって変化した機能が有益なものであれば、生物にとってこれほど有り難いことはない――元の機能はそのままに、新機能を獲得することができるのだ。このようなわけで、遺伝子重複が起きると、自然淘汰による進化の制約から逃れて、比較的容易に新機能を獲得できるようになるのである。

進化の過程で、遺伝子重複によって遺伝子の数は増えていく。遺伝子重複によってできた遺伝子はすべて互いに配列が類似しているから、機能も(少しずつ異なってはいるが)類似している。遺伝子重複によってできた、配列と機能が類似した遺伝子のグループを「遺伝子ファミリー」と呼ぶ。遺伝子ファミリーのメンバーは、すべて同じ祖先遺伝子に由来する。ヒトの400個の嗅覚受容体遺伝子、マウスの1100個の嗅覚受容体遺伝子、アフリカゾウの2000個の嗅覚受容体遺伝子はすべて、同じ「嗅覚受容体遺伝子ファミリー」のメンバーだ。

表3-1をもう一度見ていただきたい。視覚を司る4個のオプシン遺伝子や、25個の苦味の味覚受容体遺伝子も、それぞれが別々の遺伝子ファミリーに属している。ゲノム中にある遺伝子はすべて、何らかの遺伝子ファミリーのメンバーである。哺乳類の場合、遺伝子ファミリーは全部で1万種類ほどある。実は、嗅覚受容体遺伝子ファミリーは、その1万種類の

中でもっとも巨大なものである。哺乳類のゲノムにあるすべての遺伝子を見渡してみても、これほどメンバーの多い遺伝子ファミリーは他にないのだ。嗅覚受容体は、多くの子孫に恵まれたとても繁栄した遺伝子ファミリーだということができる。

偽遺伝子

遺伝子重複によって新たな遺伝子が誕生すれば、ゲノム中の遺伝子の数は増えていく。逆に、遺伝子の数が減ることもある——遺伝子の「死」である。

先ほど説明したように、ＤＮＡを複製する際にたまにエラーが起きることがあり、これを突然変異と呼ぶ。遺伝子にとって重要な部分に突然変異が起きれば、その遺伝子から作られるタンパク質はうまく機能しなくなってしまう。あるいは、突然変異によって、遺伝子からタンパク質への翻訳が途中で止まってしまい、正常なタンパク質が作られなくなってしまうこともある。遺伝子の機能が失われれば、生物にとっては有害だから、そのような突然変異は自然淘汰によって消えてしまう。

ところが、遺伝子の機能が失われても、生物にとってあまり害のないこともある。かつては何らかの機能を果たしていた遺伝子が、環境変化によってもはや必要ではなくなった場合がそうだ。そのような場合に、不要となった遺伝子に突然変異が起きれば、遺伝子の残骸がゲノム上に残されることになる。このような、かつては機能していたが、もはや機能を失ってしまった遺伝子の残骸を「偽遺伝子」と呼ぶ。

私たちのゲノムの中には、偽遺伝子がたくさんある。死屍累々なのだ。

嗅覚受容体遺伝子は、とりわけ偽遺伝子が多い遺伝子ファミリーである。これまで、「ヒトは約400個の嗅覚受容体遺伝子をもつ」と言ってきたが、これは機能すると考えられる遺伝子の数である。最新のヒトゲノム配列を検索してみると、398個の機能する嗅覚受容体遺伝子に加えて、偽遺伝子となった嗅覚受容体が442個も見つかる。つまり、現役で働いている嗅覚受容体遺伝子よりも多くの「遺伝子の屍」が、ヒトゲノム中に眠っているのだ。

ただし、嗅覚受容体の偽遺伝子が多いのは、ヒトに限ったことではない。例えばアフリカゾウの場合、機能している嗅覚受容体遺伝子は1948個だが、偽遺伝子は2230個もある！

環境に応じて変化するゲノム

一般に遺伝子ファミリーは、進化の過程で、遺伝子重複によって数を増やしたり、偽遺伝子となって数を減らしたりする。嗅覚受容体遺伝子は遺伝子ファミリーの中でも変わり者で、遺伝子重複によって増える数も、偽遺伝子になって失われていく数もとりわけ多い。つまり嗅覚受容体遺伝子は、とてもダイナミックに変化している遺伝子ファミリーだということができる。

図5-6は、哺乳類の進化の過程で、機能する嗅覚受容体遺伝子の数がどう変化してきたかを推定したものだ。その推定によると、約1億年前に生息していた私たちの祖先（有胎盤類と呼ばれる哺乳類のグループの祖先）[5]は、781個の機能する嗅覚受容体遺伝子をもっていた。そして、それぞれの生物の系統で、何百回もの遺伝子の重複や消失が起きた。例えばアフリカゾウの系統では、781個のうち168個は失われてしまったが、遺伝子重複が1335回も起きた。その結果、現在アフリカゾウがもっている嗅覚受容体遺伝子のレパートリーが形成されたのだ。

嗅覚受容体遺伝子がなぜこんなにダイナミックに変化してきたかというと、嗅覚受容体は生物の生活環境を直接反映しているからだ。アフリカゾウの系統で、ある匂いに結合する嗅覚受容体遺伝子の数が増えているとすれば、アフリカゾウの生活環境ではその匂いを精密に嗅ぎ分けることが重要だと推定できる。逆に、ある匂いに結合する嗅覚受容体がヒトの系統で偽遺伝子になっているとすれば、生活環境が変化したことにより、もはやその匂いを嗅ぎ分ける必要性がなくなったと考えることができる。このように、それぞれの生物がもっている嗅覚受容体遺伝子のレパートリーは、遺伝子の重複と消失を繰り返すことによって、それぞれの生物の生活環境にとって意味のある匂いを嗅ぎ分けられるようにチューニングされてきたのである。

最終章では、環境に応じて嗅覚受容体遺伝子のレパートリーがどのように変化してきたか、

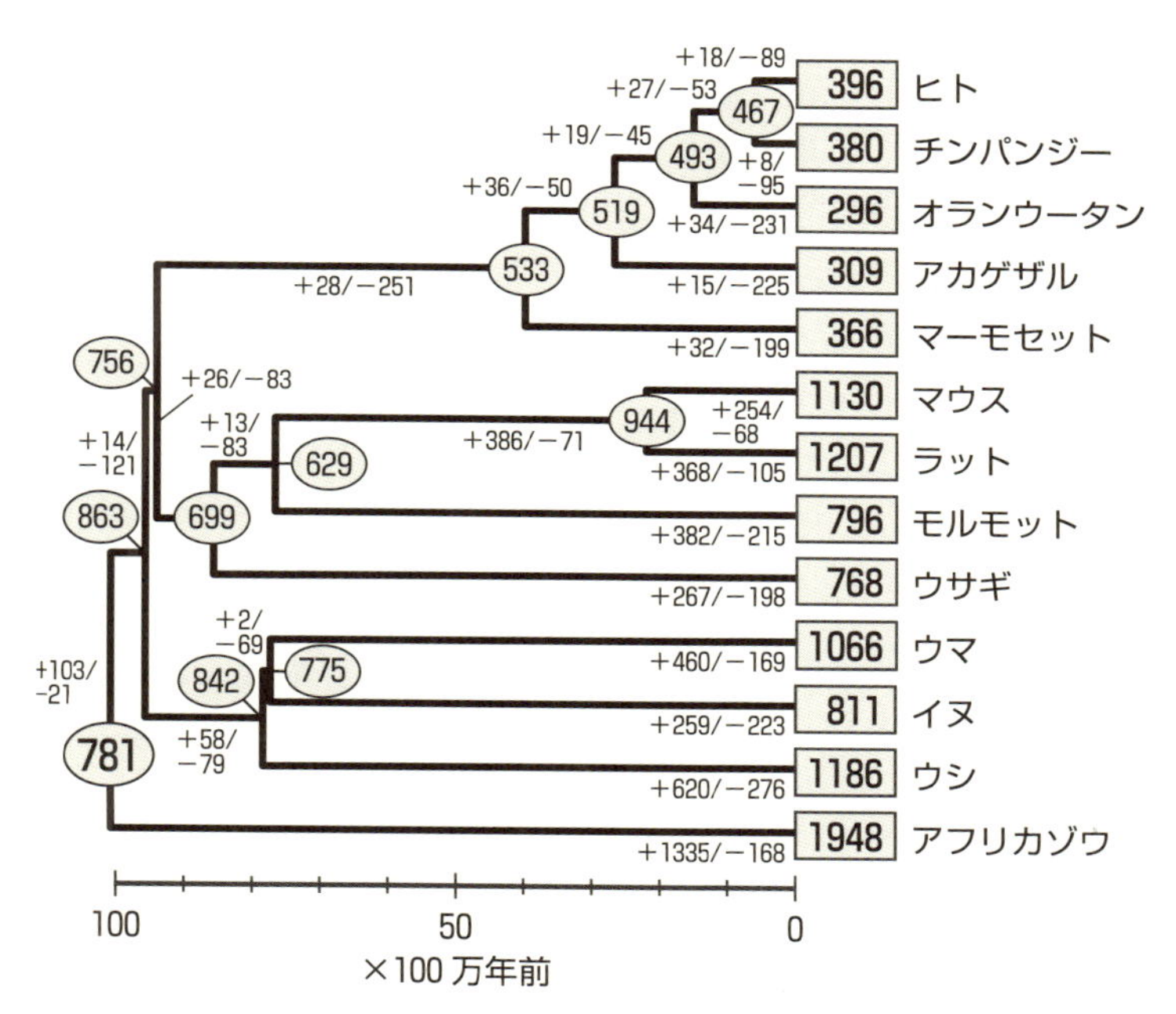

図 5-6　哺乳類の進化過程で，嗅覚受容体遺伝子の数がどのように変化してきたかを示したもの．楕円の中の数は，それぞれの祖先種がもっていた，機能する嗅覚受容体遺伝子の数の推定値．プラスとマイナスの数値はそれぞれ，各系統で，遺伝子重複によって増加した遺伝子の数および消失した遺伝子の数を表す．いくつかの生物について，遺伝子の数が図 4-1 と異なるのは，解析に用いたゲノムのデータが異なるため．(Niimura et al. 2014 より改変)

私たちヒトを含む霊長類の進化をたどることによって見ていこう。

注

(1) ダウン症の人は21番染色体を3本もつので、合計47本の染色体をもつ。性染色体を3本または4本もつ人、あるいは1本しかもたない人もいる。
(2) ただし、21番と22番だけ順序が逆転していて、22番染色体のほうが21番染色体よりも大きい。
(3) ヒトゲノムの「標準配列」とされているものは、誰のゲノムでもない。それは、匿名化された何人かのゲノムのモザイクになっているからだ。
(4) ご存じのように、インフルエンザを引き起こすのは細菌ではなくウイルスである。インフルエンザ菌はインフルエンザの病原菌ではない。しかし、かつてインフルエンザが大流行したときに、患者の多くからこの細菌が単離されたため、誤ってインフルエンザの病原菌と見なされてしまったのである。その後否定されたが、名前だけがそのまま残ることになった。
(5) 哺乳類は、単孔類・有袋類・有胎盤類の三つのグループに分類される。単孔類は、卵を産む原始的な哺乳類で、カモノハシとハリモグラを含む。有袋類は、カンガルー、コアラ、オポッサムなどを含む。単孔類と有袋類以外の哺乳類をまとめて有胎盤類という。

第6章　鼻の良いサル、鼻の悪いサル

さて、匂いすなわち嗅覚の対象については、これまで述べたもの［筆者注：視覚と聴覚］よりも規定するのが容易ではない。というのも、匂いとはどのようなものであるのかが、音や色の場合ほど明瞭ではないからである。その理由は、われわれがもつこの嗅覚という感覚能力が精密ではなく、多くの動物よりも劣っているからである。なぜなら人間は匂いを嗅ぐことにかけては貧弱で、嗅がれるもの［嗅覚の対象］が快と苦を伴わなければ何も感覚しないのである。このことは、嗅覚の感覚器官が精密ではないことを示すものである。

（アリストテレス『魂について』中畑正志訳、京都大学学術出版会、２００１）

ヒトは鼻が悪いか？

古代ギリシアのアリストテレスが述べているように、伝統的に、私たち人間は他の動物に比べて嗅覚が劣ると信じられてきた。しかし最近の研究によれば、そのような考え方は改められつつある。ヒトの嗅覚が意外に優れていることを示すデータが蓄積されてきているのだ。

例えば、次のような研究がある。地面につけられたかすかな匂いを頼りに犯人を追跡する——これはイヌにしかできない芸当だと思うだろう。イスラエルのノーム・ソーベルらの研究グループは、同じようなことが人間にもできるかどうか試してみた。チョコレートのエッセンシャルオイルを使って、芝生の上に、長さ10メートルくらいの「匂いの道」をつける。被験者は、目隠しと耳栓、手袋を着用して、嗅覚以外の情報を遮断した状態で芝生に鼻をくっつけて匂いを嗅ぎ、「匂いの道」を辿っていく。すると、32人の被験者のうちの約3分の2にあたる21人が、「匂いの道」を最後まで正しく辿ることができたという。

誰も試してみようとしないだけで、実は人間も、匂いで他人を追跡できるかもしれないのだ。もっとも、芝生につけられたチョコレートの匂いを追跡するよりも、アスファルトの道路から特定の個人の匂いを探し出すほうがずっと難しそうだから、この実験をもって「人間にもイヌ並みの嗅覚がある」とは言えないが。

多くの動物にとって、嗅覚は生きるために必須の感覚だ。嗅覚は、獲物を探したり、捕食者から逃れたり、パートナーを探したりするのに使われる。ヒトにとっての嗅覚は、豊かで生き生きとした生活を送るためになくてはならないものだ。でも、ヒトの嗅覚の使われ方は、他の動物とは少し違うようにも思える。

図4-1をもう一度見てみよう。ヒト、チンパンジー、アカゲザルなどの霊長類では、嗅

覚受容体遺伝子の数は300〜400個程度で、他の大部分の哺乳類よりも少ない。第4章で述べたように、イルカやクジラは、反響定位という能力と引き替えに嗅覚を退化させた。ヒトを含む霊長類は視覚型の動物だから、霊長類では視覚と嗅覚のトレードオフが起きたと考えれば、霊長類の嗅覚受容体遺伝子が少ないことは説明がつく。

霊長類の進化の過程で、視覚が発達した代わりに嗅覚が退化したとすれば、視覚のどのような要因が嗅覚の退化をもたらしたのだろうか？　あるいは、視覚の発達以外にも嗅覚の退化をもたらした要因があるのだろうか？

ひとことで霊長類といってもさまざまな種類がいるから、そのような疑問に答えるためには、霊長類の嗅覚について詳しく調べる必要があるだろう。まず、地球上にどのような霊長類がいるのか、眺めてみよう。

さまざまな霊長類

霊長類とは、私たちヒトを含むサルの仲間である。「万物の霊長」（もっとも優れたもの）という意味で、霊長類と名づけられている。英語ではprimateといい、やはり「第一の」という意味だ。人間中心のなんとも傲慢なネーミングだが、これが定着してしまっているので仕方がない。

地球上には、約350種の霊長類が生息している。[1] ヒト以外の霊長類は、中南米、アフリ

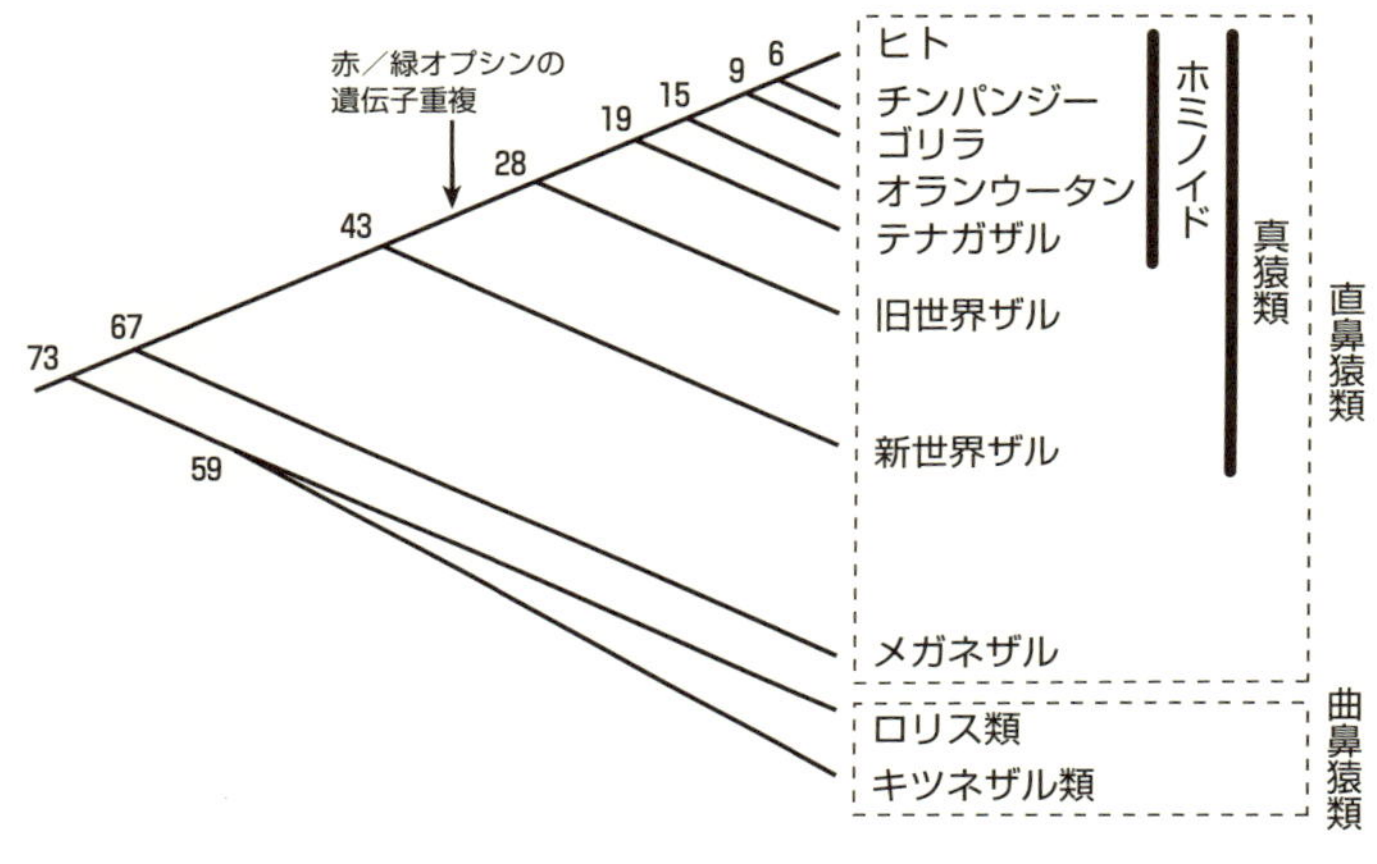

図 6-1　霊長類の系統関係．系統樹上の数値は，DNA のデータに基づく分岐年代の推定値である（単位は100万年）．

カ、アジアの熱帯から温帯域に分布している。ヒトを除くと、ヨーロッパや北米には霊長類はいない。（もちろん動物園などにはいるが、それはごく最近になって人間が連れてきたものだ。）ヒト以外の霊長類で、地球上でもっとも北に住んでいるのは、青森県の下北半島のニホンザルだ。このサルは「北限のサル」と呼ばれている。

霊長類を分類する上でもっとも重要な形質は、鼻の形である。霊長類全体は、まず「曲鼻猿類（きょくびえんるい）」と「直鼻猿類（ちょくびえんるい）」という2つのグループに分けられる（**図 6-1**）。曲鼻猿類、直鼻猿類とは聞き慣れない名前だが、その名の通り、「鼻の曲がったサル」「鼻のまっすぐなサル」ということだ。曲鼻猿類は鼻腔（びくう）が曲がっていて鼻孔（びこう）（鼻の穴）が外側を向いているのに対し、直鼻猿類は鼻腔がまっすぐで鼻孔が下を向いている。私たちヒトは直鼻猿類に属する。

もう一つ、曲鼻猿類と直鼻猿類を区別する鼻の特徴がある。「鼻鏡(びきょう)」の有無だ。イヌやネコを飼っている人はよく知っているように、イヌやネコの鼻先には湿っていて毛がない部分がある。これが鼻鏡である。曲鼻猿類は鼻鏡をもつが、直鼻猿類には鼻鏡がない。鼻鏡の機能はよくわかっていないが、嗅覚の感度を高める機能があるともいわれている。

曲鼻猿類と直鼻猿類では、目の構造も違う。直鼻猿類の目の網膜上には、中心窩(か)という光受容体が密集した領域がある。この領域のおかげで、直鼻猿類は視力が良くなった。私たちがものを見るとき、例えば本を読んだりテレビを見たり、あるいは視力検査で切れ目の方向を探したりするときに使っているのがこの中心窩だ。

夜行性の哺乳類の多くは、網膜の裏にタペータム(輝板(きばん))と呼ばれる反射板をもっている。暗闇の中でネコの目が光るのは、このタペータムに光が反射しているためである。タペータムは、曲鼻猿類にはあるが、直鼻猿類にはない。直鼻猿類の祖先が夜行性から昼行性に変わった際に失われてしまったのだ。

曲鼻猿類

曲鼻猿類は、霊長類の祖先的な特徴を多く保持している原始的なサルで、見た目はあまりサルらしくない。曲鼻猿類はキツネザル類とロリス類の2つのグループに分類される。

キツネザル類は、アフリカ大陸の東にあるマダガスカル島とその周辺の島々にしかいない。世界地図を見ると、マダガスカル島はアフリカの横にある小さな島のように見えるが、これは赤道付近が縮小されるメルカトル図法による錯覚で、実は日本の1・6倍もの面積がある。グリーンランド、ニューギニア、ボルネオに次ぐ世界で4番目に大きい島だ。島といっても、長いあいだ他の大陸から孤立していたため特殊な生態系をもち、島内の90%の動植物が固有種で、「第七の大陸」といっていいほどの生物多様性を有している。だが残念なことに、現在、その固有の生態系は急速に失われようとしている。

もう一方のロリス類は、種の数はキツネザル類よりも少ないが、アフリカと南アジア・東南アジアに広く分布している。

直鼻猿類

次に直鼻猿類を見てみよう。直鼻猿類は、メガネザル、新世界ザル、旧世界ザル、そしてホミノイドの4つのグループに分けられる。

メガネザルは、フィリピンやボルネオ島など、東南アジアの島嶼(とうしょ)部に生息している。体重100グラムほどの、夜行性の小さなサルだ。特徴は、なんといってもその巨大な目である。眼球1個の大きさが脳よりも大きいのだ。メガネザルは夜行性なのに、タペータム(網膜の裏にある反射板)をもたない。直鼻猿類の祖先は昼行性だったから、そのときにタペータムを失ってしまったのだ。メガネザルは、その後ふたたび夜行性の生活に戻ったが、一度失われてしまったタペータムが蘇ることはない。そのため、目を巨大化するという手段によって、暗闇の中でものを見ることに対処したのである。

メガネザルは、曲鼻猿類と同様に、霊長類の祖先的な特徴を保持した「サルらしくないサル」である。そのため以前は、メガネザルは曲鼻猿類と一緒に「原猿類」というグループにまとめられていた。それ以外の霊長類(直鼻猿類からメガネザルを除いたグループ)を「真猿類」と呼ぶ。真猿類は、私たちに馴染みのある、より「サルらしいサル」である。ところが、DNAを使った最近の研究により、メガネザルは曲鼻猿類よりも真猿類に近縁であることが明らかになった。つまり、霊長類の祖先はまず曲鼻猿類と直鼻猿類のグループに分かれ、それから直鼻猿類の祖先がメガネザルと真猿類に分かれたのである(図6-1)。

新世界ザルと旧世界ザルは、それぞれ新大陸(アメリカ大陸)と旧大陸(ユーラシア大陸とアフリカ大陸)に住んでいるサルである。新世界ザルは中米と南米に生息し、旧世界ザルはアジアとアフリカに広く分布している。動物園の猿山にいるサル(ニホンザル)は、旧世界ザルの一種だ。

ホミノイドというのは、これまた聞き慣れない名前だが、ヒトと類人猿をあわせたグループのことである。類人猿はチンパンジー、ゴリラ、オランウータン、テナガザルを含む。類人猿は「尾のないサル」であり、英語ではエイプ(ape)という。ちなみに、英語のモンキー

(monkey)は日本語の「サル」よりもだいぶ意味が狭い。monkeyには、apeは含まれないし、「サルらしくないサル」であるメガネザルと曲鼻猿類も含まれない。つまり、monkeyが指すのは、新世界ザルと旧世界ザルだけなのだ。

チンパンジー、ゴリラ、オランウータンを合わせて大型類人猿、テナガザルを小型類人猿という。分類学的には、ヒトと大型類人猿を合わせたものがヒト科、テナガザルはテナガザル科と呼ばれる。そして、ヒト科とテナガザル科を合わせてヒト上科という。このヒト上科を英語で言うとホミノイド(hominoid)となる。しかし、「ヒト上科」という呼称は紛らわしいので、ここでは「ホミノイド」という言葉を使うことにする。

霊長類の色覚

霊長類の色覚は非常に複雑である(図6-2)。

第3章で説明したように、私たちヒトの大部分(日本人の場合、男性の約95%、女性のほぼ100%)は三色型色覚をもつ。三色型色覚は、機能するオプシン遺伝子がゲノム中に3種類存在することによる。

霊長類のうち、ホミノイドと旧世界ザルは、すべて三色型色覚をもつ。しかし、三色型色覚は哺乳類の中では例外的であり、大部分の哺乳類の色覚は、ヒトの赤緑色盲に相当する二色型色覚である。

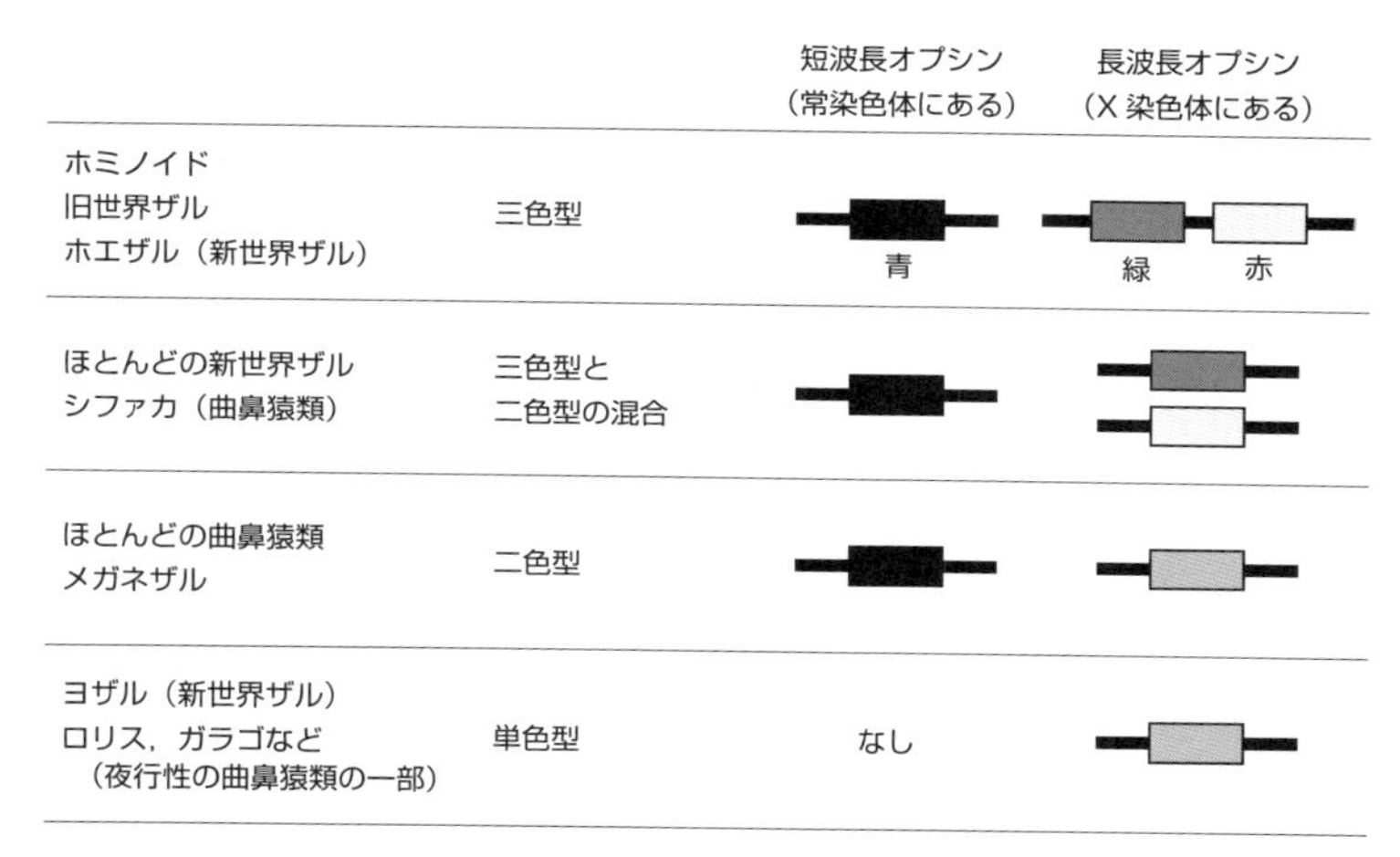

図 6-2　霊長類の色覚

なぜホミノイドと旧世界ザルだけが三色型色覚をもっているかというと、ホミノイドと旧世界ザルの共通祖先の系統で、遺伝子重複が起きたからだ[2](図6-1)。遺伝子重複とそれに続く突然変異によって、もともと1個だった遺伝子が、赤オプシンと緑オプシンの遺伝子に分かれた。青オプシン遺伝子は1個のまま変化していない。つまり、大部分の哺乳類は、青オプシン遺伝子1個と、ヒトの赤または緑オプシンに相当する遺伝子を1個もっていることになる。

青オプシンは波長の短い光で活性化され、赤または緑オプシンは波長の長い光で活性化される。そこでここでは、青オプシンを短波長オプシン、赤または緑オプシンを長波長オプシンと呼ぶことにする。

夜行性の霊長類の中には、二色型色覚から

さらに色覚を退化させ、短波長オプシンを失ってしまったものがいる。そうすると、オプシン遺伝子を1個しかもたない単色型色覚となる。これは、白黒写真のようなまったく色のない世界である。

一方、新世界ザルの大部分と曲鼻猿類の一部は、とても奇妙な色覚システムをもっている。一つの集団中に、三色型色覚と二色型色覚が混在しているのだ。メスの一部は三色型色覚だが、それ以外のメスと、すべてのオスは二色型色覚だ。なぜこんな奇妙なことが起きるのだろうか?

その理由は、長波長オプシンの遺伝子がX染色体上にあり、その長波長オプシン遺伝子が何種類かあるためだ。(3)

長波長オプシン遺伝子は、X染色体上に1個しかない。オスはX染色体を1本しかもたないから、短波長オプシンとあわせてオプシン遺伝子を合計2種類もつことになり、二色型色覚となる。一方、メスはX染色体を2本もっている。もし、X染色体上にある2個の長波長オプシン遺伝子が同じ種類なら、やはりオプシン遺伝子を合計2種類もつことになるから、オスと同じ二色型色覚となる。しかし、X染色体上にある2個の長波長オプシン遺伝子が異なる種類なら、オプシン遺伝子を合計3種類もつことになり、三色型色覚となるのだ。

どうしてこんなにややこしいシステムを採用しているのかは謎である。そもそも、三色型色覚が二色型色覚に比べてどのくらい有利なのかもわかっていない。哺乳類の祖先は夜行性で、あまり色を見分ける必要性がなかったため、二色型色覚で充分だったのだろう。しかしその後、哺乳類の多くの種は昼行性に転じた。もし三色型色覚がそんなに有利なら、もっと多くの種が三色型色覚を獲得していてもよさそうなものだが、そうなってはいない。だとすれば、三色型色覚の優位性は、霊長類だけに当てはまるということになる。

霊長類は、樹の上で暮らすことを選択した哺乳類だ。三色型色覚は、緑の森の中で赤く熟した果物を見つけるのに有利だ、というのが一つの説明である。果物は熟すと、甘い香りを発するようになる。もし、三色型色覚が熟した果物を見つけるのに有利なら、三色型色覚をもっている種はあまり嗅覚に頼る必要がなくなるだろう。そこで、「霊長類は三色型色覚の獲得と引き替えに嗅覚を退化させた」という仮説が提唱された。この仮説は正しいのだろうか？

霊長類の嗅覚受容体遺伝子

だいぶ前置きが長くなったが、本章の最初の疑問に戻ろう。

霊長類の進化の過程で、嗅覚の退化をもたらした要因はなんだろうか？　三色型色覚を獲得したことだろうか、それとも他に原因があるのだろうか。

それを調べるために、筆者の研究グループは、ゲノム配列が決定された24種の多様な霊長類を用いて解析を行った。この24種は、夜行性の種と昼行性の種を含み、色覚に関しても、三色型、三色型と二色型の混合、二色型、単色型というすべてのパターンを網羅している。また、食性も多様で、主に果実を食べるもの、葉を食べるもの、昆虫を食べるものなどさまざまなものがいる。

図6-3は、24種の霊長類のゲノムから見つかった嗅覚受容体遺伝子の数である。

この結果から、嗅覚受容体遺伝子の数は曲鼻猿類と直鼻猿類で大きく異なり、曲鼻猿類は直鼻猿類の2倍程度の機能遺伝子をもつことがわかった。一方、旧世界ザルの一種であるコロブス類では、嗅覚受容体遺伝子の数は200個程度と非常に少なかった。同じ霊長類でも、もっとも多くの遺伝子をもつオオガラゴ(822個)からもっとも少ないテングザル(194個)まで、4倍以上もの差がある。サルの中にも、「鼻の良いサル」と「鼻の悪いサル」がいるのだ。

この結果はまた、メガネザルは、嗅覚受容体遺伝子の数で見ても、曲鼻猿類よりも真猿類(新世界ザル、旧世界ザル、およびホミノイド)に近いことを示している。メガネザルは原始的な特徴をもつ「サルらしくないサル」なのに、「鼻の悪いサル」の仲間なのである。

曲鼻猿類と直鼻猿類で嗅覚受容体遺伝子の数が大きく異なることがわかったので、それ以外の要因で嗅覚受容体遺伝子の数に影響を及ぼしているものは何かを調べた。

その結果わかったことは、餌に占める葉の割合が、種ごとの嗅覚受容体遺伝子の数の違いをもっともよく説明できるということだ。また、餌に占める果物の割合も、統計的に意味の

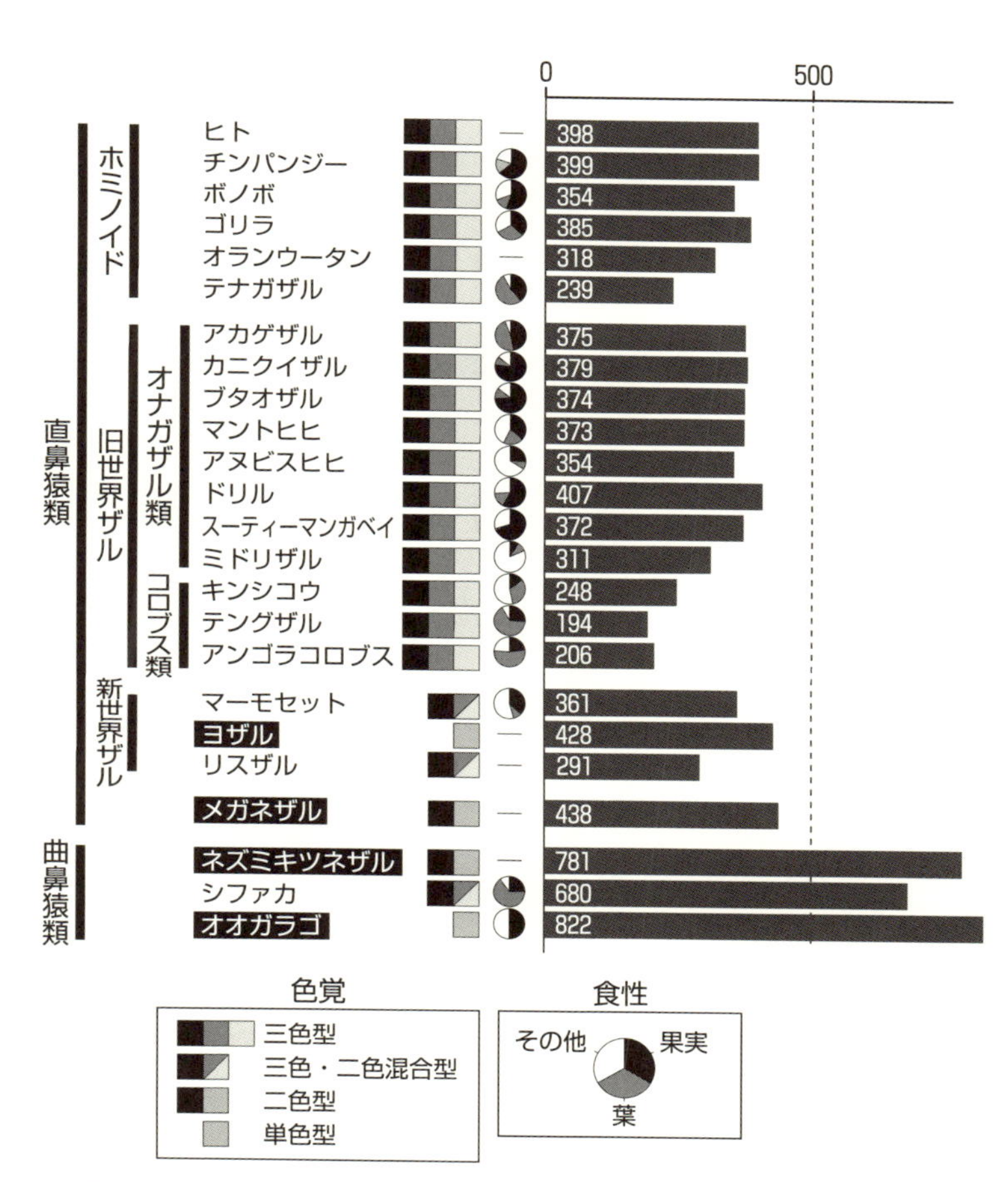

図 6-3　24 種の霊長類のもつ嗅覚受容体遺伝子の数．夜行性の種は，種名を黒い四角で囲んである．それぞれの種の色覚と，餌に占める果実および葉の割合も示した．—は食性のデータがなかったもの．(Niimura et al. 2018 より改変)

あるパラメータだということが示された。餌に占める葉の割合が多ければ多いほど、また、果物の割合が少なければ少ないほど、嗅覚受容体遺伝子の数は少なくなるのだ。

それに対して、色覚の違いや、活動パターンの違い(夜行性か昼行性か)は、嗅覚受容体遺伝子の数には(統計的に意味があるといえるほどの)影響を与えていなかった。夜行性のサルのほうが昼行性のサルよりも鼻が良さそうだし、色がよく見えればそのぶん嗅覚への依存性は低下しそうだが、そうなってはいない。つまり、先ほどの仮説――三色型色覚の獲得によって、霊長類の嗅覚は退化した――は正しくないのだ。

嗅覚受容体遺伝子はどのように失われていったか

次に、霊長類が進化していく過程で、嗅覚受容体遺伝子がいつどのくらいの速さで失われていったかを調べた。解析の結果、霊長類の進化過程で、嗅覚受容体遺伝子が一気に消失した時期が少なくとも二度あったことがわかった(図**6-4**)。

一つは、直鼻猿類の祖先の系統である。すでに述べたように、曲鼻猿類と直鼻猿類では目と鼻の解剖学的構造が大きく異なる。直鼻猿類は、「鼻の悪いサル」であるとともに、「目の良いサル」でもある。直鼻猿類のみが目の網膜に中心窩をもち、そのために視力が良くなった。霊長類全体の祖先は現在の曲鼻猿類に似ていたから、直鼻猿類の祖先の系統で、目と鼻の構造が大きく変化したことになる。その結果、嗅覚に依存した生活から視覚に依存した生活へと急速に移行した。嗅覚受容体遺伝子の大幅な減少は、そのような変化に伴って起きたと考えられる。

もう一つは、コロブス類の共通祖先の系統である。この系統では、直鼻猿類の祖先の系統に比べて、その2倍もの速さで嗅覚受容体遺伝子が失われていた。

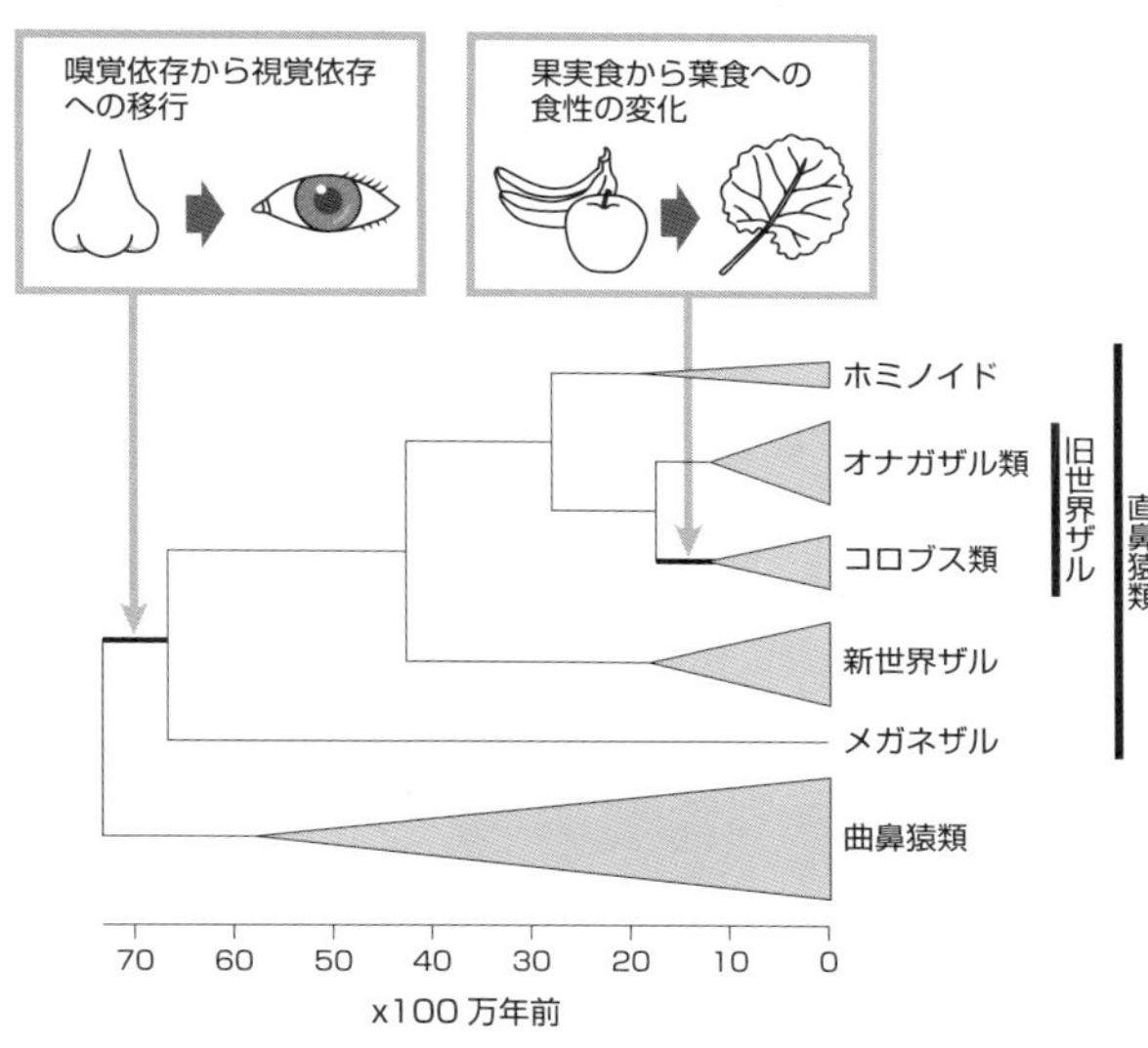

図 6-4　霊長類の進化過程で，嗅覚受容体遺伝子が急激に消失した系統

コロブス類の主食は葉である。コロブス類は、3～4個にくびれた特殊な構造の胃をもっている。この構造は反芻動物であるウシやラクダに類似したものだ。第一の胃である「前胃」にはさまざまな細菌が共生していて、他の動物には消化が困難な固い葉や種に含まれるセルロースを分解し、エネルギーとして利用することができる。コロブス類は、胃を特殊化させることで、果物や昆虫を主食とする他の霊長類との競合を

避けるように進化してきたのである。

一方、ニホンザルなどのオナガザル類は果物を主な餌とする。固い葉を消化できる特殊な胃をもっているのは霊長類ではコロブス類だけだから、コロブス類の共通祖先の系統で、果物から葉へと食性が変化したと考えられる。

果物を食べるサルにとって、匂いの情報は重要である。熟した果実は糖分を多く含み、特有の香りを発するようになる。この香りは栄養分のシグナルだから、サルは果実に鼻を近づけてクンクンと匂いを嗅ぎ、その果実が熟しているかどうかを判断する。一方、植物にとっては、サルに果実を食べてもらい、種子を散布してもらうことが重要である。そのために植物は、わざわざ果実の中で匂い分子を合成し、それを発散しているのだ。だから、植物とサルは持ちつ持たれつの関係にある。植物は、果実をサルに食べてもらうために魅力的な香りを発散するように進化し、サルは、そのような香りをよく嗅げるように嗅覚を進化させてきたと考えられる。実際、熟した果実の香りの成分(エステルなど)に対する嗅覚の感度は、イヌやラットよりも、果実を主な餌とするクモザルのほうが高いことが実験で示されている。

それに対して、葉を食べるためには匂い情報はあまり重要ではないようだ。コロブス類の一種であるテングザルが餌の葉をどのように選ぶかを調べた研究では、近くにたくさん生えている葉を食べるだけで、特にえり好みはしないということがわかった。テングザルは他のサルが食べられない固い葉を餌として利用できるから、苦労して餌を探す必要がないのだろう。

テングザル

テングザルはボルネオ島の沿岸部と川沿いの密林に住むサルで、その名の通り天狗のような立派な鼻をもっている(**図6-5**)。けれども、嗅覚受容体遺伝子の数は調べた24種の霊長類の中ではもっとも少なく、200個弱しかなかった。ヒトの半分以下である。

ゾウの立派な鼻は、伊達に長いのでなく、その嗅覚も優れていた。でも、テングザルの鼻は見かけ倒しだったのだ！

では、テングザルの鼻は、どうしてこんなに立派なのだろうか？

実は、ゾウと違って、大きな鼻をもつのはオスのテングザルだけである。メスの鼻は小さい。ということは、テングザルの鼻が大きいのは、性淘汰によるのではないかと考えられる。テングザルのメスにとっては、鼻の大きいオスがかっこいいのだ。鼻の大きいオスほどモテるから、たくさん子孫を残すことができる。そのため、進化の過程でオスの鼻はどんどん大きくなった。

中部大学の松田一希らの研究グループは、野生のテングザルを観察してデータを集め、以下のことを見出した。テ

図6-5　テングザル
(123 RF)

ングザルはハーレムと呼ばれる一夫多妻の群れを作るが、鼻の大きいオスほど、ハーレム内のメスの数が多く、また睾丸のサイズも大きい。そして、鼻の大きいオスほど、鳴き声が低くなる。

ということは、メスが鼻の大きいオスを選択するのは、そのビジュアルに惹かれているというよりは、渋い声に惹かれているのかもしれない。大きな鼻は、声を反響させる装置として役立っているようだ。

ヒトは料理をするサル

霊長類の進化過程で嗅覚受容体遺伝子の数が減った主な要因の一つは、果物から葉へと食べ物が変化したことであった。このことは、霊長類にとって、食べ物の匂いが重要であることを示唆している。

ここで、私たちヒトについて考えてみよう。ヒトはあらゆるものを食べる。哺乳類の中で、ヒトほど豊かな食性を誇る動物は他にはいない。

そのことの大きな理由は、ヒトは火を使って料理を行うからである。火の使用は、言語の使用と並んで、動物の中でヒトだけに見られる特殊なものだ。

私たちの祖先は、いつから火を使うようになったのだろう？　はっきりしたことはわかっていない。

米国のリチャード・ランガムは、その著書『火の賜物』の中で、火の使用と料理の発明がホモ・サピエンスの出現をうながした、という仮説を提唱している。

一般には、私たちの祖先は、充分に知能が発達していたから火を使えるようになったと考えられている。つまり、私たちの祖先が初めて火を使用したときには、すでにヒトになっていたというわけだ。しかし、ランガムの主張はそうではない。火を使うことによって、私たちの祖先はヒトになったというのだ。ランガムは、そのように考える根拠をいくつも挙げている。

まず、ヒトは生ものだけを食べて生きていくことはできない。欧米には「生食主義者」という人たちがいるようだ(日本にもいるかどうかは知らない)。彼らは好きこのんでそうしているのだが、そのような人たちは、誰もががりがりに痩せこけていて、慢性的なエネルギー欠乏に陥っているという。女性は月経が止まり、男性の性的機能も低下していた。この生食主義者たちは、森の中になっている野生の木の実を食べて暮らしているわけではない。スーパーで売られている高品質の野菜や果物を買ってきて、ミキサーですりつぶしたり砕いたりして、なんとかエネルギー価を高めようとしてから食べているのだ。それでも、生の食べ物だけでは充分なエネルギーを摂取することができないのである。

料理をしない民族は一つも知られていない。そもそもヒトは、解剖学的な構造からして、料理をしたものしか受けつけないように設計されている。顎、歯、胃、腸のすべてが、他のだ。

霊長類にくらべて小さい。ヒトの消化器官は、料理したものを食べることに適応しているの

火を使った料理によって食物は軟らかくなり、消化がより早く、効率的に行われるようになる。野生のチンパンジーは、一日に6時間以上も咀嚼に費やしているという。ヒトは料理をすることで、食べるという行為そのものの呪縛から逃れることができ、その分の時間を他のこと──例えば、よりよい食物を探すこと──に費やすことができるようになった。その結果、共同で狩りを行い、栄養価の高い肉を手に入れることも可能になった。そしてそのことが、さらなる脳の進化をもたらした。

火で食べ物を熱すれば、香りが立ちやすくなる。だから、温かいものを食べるようになったということは、嗅覚の重要性が増したということでもある。

per fumum──古代人は、火の中にある種の樹脂をくべると、芳香が立ち昇ってくることを発見した。だが、それを発見するおそらくずっと前から、人類は樹木を燃やして肉や魚を焼き、家族で焚き火の周りを囲みながら、そのときに発散される匂いを嗅いできたのである。

ヒトのもつ嗅覚受容体遺伝子の数は、直鼻猿類の中では比較的多く、他の霊長類に比べてヒトの嗅覚が劣っているとはいえない。ヒトへと至る進化の過程で、捕食者から逃れたり、餌を探したりするための嗅覚の重要性は低下したかもしれないが、摂食時における嗅覚の重

要性はむしろ増したのではないだろうか。

ヒトの嗅覚はどう進化してきたか

次世代シーケンサーの進展により、さまざまな生物のゲノム配列が解読できるようになった。

それと同時に、ヒトゲノムの多様性についてのデータも蓄積されてきた。現在では、世界中の何百という民族集団から、合計1万人分以上もの個人のゲノム配列が解読されている。そのようなデータから、アフリカで誕生したホモ・サピエンスが地球上に拡散していった詳細なシナリオが明らかになりつつある。

さらに、化石からDNAを抽出し、すでに絶滅してしまった生物のゲノムを解読することも可能になった。ネアンデルタール人（ホモ・ネアンデルターレンシス）やマンモスのゲノムが解読されている。

ネアンデルタール人は、約4万年前までスペインのイベリア半島で生きていた。何万年もの間、私たちホモ・サピエンスと共存してきたのである。最近のゲノム解析によって、ホモ・サピエンスはネアンデルタール人と混血していたことが明らかになった。ネアンデルタール人は絶滅してしまったけれども、彼らの遺伝子は、私たちホモ・サピエンスのゲノムの一部として生き続けているのだ。

ネアンデルタール人は狩猟者(ハンター)であり、肉中心の食生活だったと考えられている。彼らが火を使い、料理をした痕跡も残っている。

このような、多様なヒトゲノムのデータや、すでに絶滅してしまった人類のゲノムデータは、今後もますます増えていくはずである。それらのデータを利用することで、私たちヒトのもつ400個の嗅覚受容体遺伝子のレパートリーがどのように形成されてきたかが明らかになってくるだろう。

1億年前の中生代、恐竜が地上を支配していた時代に、ネズミのようにちっぽけだった私たちの祖先は、闇に紛れて怯えながら暮らしていた。その時代、嗅覚は生命を維持するためにきわめて重要だっただろう。天変地異が起きて恐竜が絶滅すると、空白になったニッチに哺乳類は急速に放散していった。空中、水中、地中と、地球上のあらゆる環境に適応した。

そんな中で、樹上という特殊な環境に適応したのが私たち霊長類の祖先だった。樹の上での生活には、嗅覚はそれほど重要ではなかったかもしれない。その代わりに、私たちの祖先は優れた視覚を発達させた。立体視ができるようになり、高精度の視力を獲得して、色もよく見えるようになった。

木から下りたサルは、二足歩行を始めた。やがて、火を使うことを覚え、自然界にある食物から効率よく栄養を摂取できるようになった。それだけではなく、火は、物質の中に閉じ込められていた匂いを解放した。人類は火のおかげで、豊穣なる香りの世界に出会うことができたのである。
私たちの身の回りにあるさまざまな匂い。その匂いを感じるとることができるのも、私たちの嗅覚受容体遺伝子が、長い歳月をかけて環境に適応してきたからに他ならない。

注

（1） 1990年頃には、記載された霊長類は180種ほどだった。種の数が2倍近くに増えた要因の一つは、新種が発見されたことである。とはいえ、霊長類の新種などそうそう見つかるものではない。それよりも大きな要因は、それまで1種と見なされていたものが2種以上に分類されるようになったことだ。形態的にはそれほど明確な違いがなくても、DNAを調べてみると、別種と見なしてよいほど隔たっている場合がしばしばある。例えばゴリラは、かつては1つの種であったが、現在ではヒガシゴリラとニシゴリラの2種に分類するのが一般的である。また、オランウータンにはスマトラオランウータンとボルネオオランウータンの2種がいることが知られていたが、2017年に、スマトラ島の南タパヌリ県に住むスマトラオランウータンの一集団がタパヌリオランウータンという別種として認定された。
（2） 新世界ザルの一種であるホエザルは、新世界ザルの中では例外的に三色型色覚をもっている（図6-2）。ホエザルの系統では、ホミノイド・旧世界ザルの共通祖先の系統とは独立に、赤／緑オプシンの遺伝子重複が起きたのだ。
（3） ヒトの赤オプシンと緑オプシンの遺伝子は、X染色体上に並んで存在している。これが、赤緑色盲が女性よりも男性に圧倒的に多い理由である。赤オプシンと緑オプシンは、遺伝子重複が起きてからあまり時間が経っていないため、配列が互いによく似ている。そのため、DNAを複製するときにしばしばエラーが起き、どちらか一方が染色体から抜け落ちてしまったり、赤オプシンと緑オプシンのハイブリッドの遺伝子ができてしまったりする。男性はX染色体を1本しかもっていないから、そういうエラーの起きたX染色体を母親から受け継いだ場合は、赤緑色盲になる。しかし、女性はX染色体を2本もっているため、どちらか一方のX染色体にエラーが起きても、もう一方が正常であれば三色型色覚になるのだ。

あとがき

もともと匂いに興味があったわけではない。むしろ私は、人類の中でもとりわけ視覚偏重型の人間だと思っていた。

昔は、物理学者になりたかった。物理学者の夢は、自然界の四つの力を統一して、宇宙の森羅万象を一つの方程式で記述する「超大統一理論」("Theory of Everything")を創り上げることだ。だって、それができれば、宇宙のすべてがわかるではないか。

でも、当たり前なのだが、素粒子論をいくら勉強してみても、自分——人間——のことは、何一つわからなかった。それに、素粒子論の世界には、脳の処理速度が異様に速い超秀才がゴロゴロいた。だから、もっと未来が広がっていそうな生物学に転向することにした。

私はそれまで、生物学をまともに勉強したことがなかった。生物学の勉強は楽しかったが、それは、百科事典を読むような作業だった。がっちりとした土台の上に築かれた堅牢な物理学の殿堂と比べると、生物学は雑多な知識の寄せ集めのように見えた。この中から、自分の生涯を賭けるに足る研究テーマをどうやって見つけ出せばいいのだろう?

本書で述べたように、人類がある生物の全ゲノム配列を初めて手にしたのは、1995年のことだ。そのとき私は大学院生だった。生物丸ごとを、コンピュータで理解できる日がやってきた。これはすごい、と思った。

生物学の統一理論は何だろうか？　それは、テオドシウス・ドブジャンスキーが「あらゆる生命現象は進化の光に照らしてみないと意味がない」と言ったように、進化だろう。あらゆる生命現象は、進化の産物だからだ。とすれば、生命現象を統一的に理解するためには、ゲノムの進化を研究すればよいではないか。

そう思って、博士号を取得したあと、国立遺伝学研究所の五條堀孝先生の研究室の門を叩いた。そして、分子進化学についてもっと本格的に勉強したいと思った私は、米国ペンシルバニア州立大学の根井正利先生のもとに留学することにした。根井先生は、分子進化学という学問を創ったレジェンドの一人である。

当時は、ちょうどヒトの全ゲノム配列が明らかになったばかりのときだった。そのときにもらった研究テーマが、「ヒトの嗅覚受容体遺伝子はどのように進化してきたか」を解析することだった。根井先生は当時、遺伝子ファミリーの進化のパターンについて研究されていたのである。

もう16年も前のことだ。そのときは、嗅覚受容体とこんなに長くつき合うことになるとは夢にも思っていなかった。ヒトの嗅覚受容体遺伝子の進化についての論文を仕上げたら、マウスの全ゲノム配列が解読された。そこで、ヒトとマウスの比較を行った。それから、ゼブラフィッシュ、ニワトリ、チンパンジー……とゲノム配列が解読されていった。でも、全ゲノム配列の解読は、ごく少数のモデル生物について、莫大な予算と手間をかけて行うものだった。手詰まり感があった。

ところが、２０１０年代に入って技術革新が起き、「ゲノム情報のビッグバン」がもたらされたことは本書で述べた通りだ。このときに、本当の意味でゲノム科学の時代が始まったといえるかもしれない。

一方で、嗅覚受容体について何か偉そうに語っていても、自分は匂いそのものについて何も知らない……という引け目があった。そんな折、２０１３年に、東原和成先生率いるＪＳＴ（科学技術振興機構）ＥＲＡＴＯ東原化学感覚シグナルプロジェクトにグループリーダーとして加えていただいた。このプロジェクトは、生化学者、神経科学者、心理学者など、さまざまな分野の専門家が集まって、多方面から嗅覚について研究しようとするものだ。このプロジェクトに加えてもらったことで、嗅覚研究の広がりと奥深さを知ることができた。第４章と第６章で紹介した結果の多くは、本プロジェクトで得られたものである。

視覚情報は紙に印刷すれば簡単に伝えられるけれども、嗅覚情報を伝達するのは難しい。本書に、匂いの付録をつけられたらどんなに良いだろうと思った。匂いは、実際に嗅いでみないと決してわからない。告白すると、私はこのプロジェクトに参加して初めて、ムスクの香りがどんなものかを知った。

嗅覚は各自が個人的な体験をもっているから、それが何であるかは誰でも知っている。でも、それがどのようなものであるかは、よく知られていない。嗅覚は最先端の科学に直結しており、まだまだ多くの謎が残されているエキサイティングな研究分野だ。これからも、刺激に満ちた発見が続くことだろう。

本書をきっかけとして、一人でも多くの人にこの分野に興味をもってもらえたなら、著者として望外の喜びである。

本書の執筆の機会を与えていただいた、岩波書店の濱門麻美子氏に厚く御礼を申し上げる。毎回締切に間に合わない著者を、時には厳しく、また別の時にも厳しく叱咤激励してくださった。執筆中の原稿を見て、本書は一体どこに向かうのかとハラハラされていたことと思う。実は自分にもわからなかったが、いよいよ追い詰められたときに何かが降りてきて、1週間ほどでメインの部分を一気に書き上げることができた。本書の執筆は、つらい面もあったけれども、とても楽しい作業だった。

最後に、ここまでおつき合いいただいた読者のみなさんに、心より感謝を申し上げたい。ありがとうございました。

平成最後の9月に　著者しるす

参考文献

第 1 章

荒井綜一，小林彰夫，矢島泉，川崎通昭 編(2000)『最新 香料の事典』朝倉書店.

稲坂良弘(2011)『香と日本人』角川文庫.

小磯学(2016)「乳香とオマーン――その歴史，文化，観光について」『神戸山手大学紀要』第 18 号：201-219.

香道文化研究会 編(2015)『香と香道(第 5 版)』雄山閣.

駒木亮一(2013)「龍涎香の香り」『におい・かおり環境学会誌』44 巻 2 号：141-148.

中島基貴 編著(1995)『香料と調香の基礎知識』産業図書.

中島啓裕(2014)『イマドキの動物ジャコウネコ――真夜中の調査記』東海大学出版部.

中村祥二(2008)『調香師の手帖――香りの世界をさぐる』朝日文庫.

中村祥二(2015)「麝香の恩恵――薬物と薫物」国際香りと文化の会『会報誌 VENUS』2015 年冬号.

長谷川香料株式会社(2013)『香料の科学』講談社.

平山令明(2017)『「香り」の科学――匂いの正体からその効能まで』講談社ブルーバックス.

堀井令以知(2005)『ことばの由来』岩波新書.

山田憲太郎(1977)『香料の道――鼻と舌 西東』中公新書.

Guha S, Goyal SP, Kashyap VK. (2007) Molecular phylogeny of musk deer: a genomic view with mitochondrial 16 S rRNA and cytochrome b gene. *Mol Phylogenet Evol* 42: 585-597.

King AH. (2017) *Scent from the Garden of Paradise*, BRILL.

第 2 章

川崎通昭(2007)「フレグランス」，澁谷達明，市川眞澄 編著『匂いと香

りの科学』朝倉書店.
公益社団法人におい・かおり環境協会「嗅覚閾値」http://orea.or.jp/about/ThresholdsTable.html
田中茂(2013)「天然資源とアロマケミカル開発の歴史」『季刊香料』257号：1-12.
ルカ・トゥリン／山下篤子 訳(2008)『香りの愉しみ，匂いの秘密』河出書房新社
長谷川香料株式会社(2013)『香料の科学』講談社.
Glindemann D, Dietrich A, Staerk HJ, Kuschk P. (2006) The two odors of iron when touched or pickled: (skin) carbonyl compounds and organophosphines. *Angew Chem Int Ed Engl* 45: 7006-7009.
Hu J, et al. (2007) Detection of near-atmospheric concentrations of CO2 by an olfactory subsystem in the mouse. *Science* 317: 953-957.
Kawasaki M, et al. (2017) Synthesis and odor properties of Phantolide analogues. *Tetrahedron* 73: 2089-2099.
Lavine BK, et al. (2012) Odor-structure relationship studies of Tetralin and Indan musks. *Chem Senses* 37: 723-736.

第3章

綾部早穂(2007)「匂いの快・不快」，澁谷達明，市川眞澄 編『匂いと香りの科学』朝倉書店
綾部早穂，小早川達，斉藤幸子(2003)「2歳児のニオイの選好――バラの香りとスカトールのニオイのどちらが好き？」『感情心理学研究』第10巻第1号：25-33.
岡部正隆，伊藤啓(2002)「色覚の多様性と色覚バリアフリーなプレゼンテーション　第2回 色覚が変化すると，どのように色が見えるのか？」『細胞工学』2014年8月号：909-930.
新村芳人(2014)「嗅覚受容体遺伝子と匂い知覚の多様性」『実験医学』2014年11月号(vol. 32, no. 18)：2898-2904.

Amoore JE. (1977) Specific anosmia and the concept of primary odors. *Chem Senses* 2: 267-281.

Buck L, Axel R. (1991) A novel multigene family may encode odorant receptors: a molecular basis for odor recognition. *Cell* 65: 175-187.

Keller A, et al. (2007) Genetic variation in a human odorant receptor alters odour perception. *Nature* 449: 468-472.

Kirk-Smith MD, Booth DA. (1980) Effect of androstenone on choice of location in others' presence. *Olfaction Taste* 7: 397-400.

Mainland JD, et al. (2015) Human olfactory receptor responses to odorants. *Sci Data* 2: 150002.

Menashe I, et al. (2007) Genetic elucidation of human hyperosmia to isovaleric acid. *PLoS Biol* 5: e 284.

Savic I, Berglund H, Gulyas B, Roland P. (2001) Smelling of odorous sex hormone-like compounds causes sex-differentiated hypothalamic activations in humans. *Neuron* 31: 661-668.

第4章

入江尚子(2010)「ゾウの認知能力研究」『動物心理学研究』第60巻第1号：1-7.

外崎肇一(2004)『「におい」と「香り」の正体』青春出版社.

Bates LA, et al. (2007) Elephants classify human ethnic groups by odor and garment color. *Curr Biol* 17: 1938-1942.

Craven BA, Paterson EG, Settles GS. (2010) The fluid dynamics of canine olfaction: unique nasal airflow patterns as an explanation of macrosmia. *J R Soc Interface* 7: 933-943.

Greenwood DR, et al. (2005) Chirality in elephant pheromones. *Nature* 438: 1097-1098.

Kishida T, et al. (2015) Aquatic adaptation and the evolution of smell and taste in whales. *Zoological Lett* 1: 9.

Krestel D, et al. (1984) Behavioral determination of olfactory thresholds to amyl acetate in dogs. *Neurosci Biobehav Rev* 8: 169-174.

Niimura Y, Matsui A, Touhara K. (2014) Extreme expansion of the olfactory receptor gene repertoire in African elephants and evolutionary dynamics of orthologous gene groups in 13 placental mammals. *Genome Res* 24: 1485-1496.

Niimura Y, Matsui A, Touhara K. (2018) Acceleration of olfactory receptor gene loss in primate evolution: Possible link to anatomical change in sensory systems and dietary transition. *Mol Biol Evol* 35: 1437-1450.

Niimura Y, Nei M. (2007) Extensive gains and losses of olfactory receptor genes in mammalian evolution. *PLoS ONE* 2: e 708.

Rasmussen LE, et al. (1997) Purification, identification, concentration and bioactivity of (*Z*)-7-dodecen-1-yl acetate: sex pheromone of the female Asian elephant, Elephas maximus. *Chem Senses* 22: 417-437.

Rasmussen LE, Riddle HS, Krishnamurthy V. (2002) Mellifluous matures to malodorous in musth. *Nature* 415: 975-976.

Rizvanovic A, Amundin M, Laska M. (2013) Olfactory discrimination ability of Asian elephants (Elephas maximus) for structurally related odorants. *Chem Senses* 38: 107-118.

Rohland N, et al. (2007) Proboscidean mitogenomics: chronology and mode of elephant evolution using mastodon as outgroup. *PLoS Biol.* 5: e 207.

Walker DB, et al. (2006) Naturalistic quantification of canine olfactory sensitivity. *Applied Animal Behaviour Science* 97: 241-254.

Zhu K, et al. (2014) The loss of taste genes in cetaceans. *BMC Evol Biol* 14: 218.

第 5 章

Demuth JP, Hahn MW. (2009) The life and death of gene families. *Bioessays* 31: 29-39.

Fleischmann RD, et al. (1995) Whole-genome random sequencing and assembly of Haemophilus influenzae Rd. *Science* 269: 496-512.

Ohno S. (1970) *Evolution by Gene Duplication*, Springer-Verlag. (邦訳)山岸秀夫, 梁永弘 訳(1977)『遺伝子重複による進化』岩波書店.

Wikipedia (English). Vertebrate. https://en.wikipedia.org/wiki/Vertebrate

第 6 章

京都大学霊長類研究所 編著(2009)『新しい霊長類学——人を深く知るための 100 問 100 答』講談社ブルーバックス.

松田一希(2012)『テングザル——河と生きるサル』東海大学出版会.

リチャード・ランガム/依田卓巳 訳(2010)『火の賜物——ヒトは料理で進化した』NTT 出版.

Koda H, et al. (2018) Nasalization by Nasalis larvatus: Larger noses audiovisually advertise conspecifics in proboscis monkeys. *Sci Adv* 4: eaaq 0250.

Niimura Y, Matsui A, Touhara K. (2018) Acceleration of olfactory receptor gene loss in primate evolution: Possible link to anatomical change in sensory systems and dietary transition. *Mol Biol Evol* 35: 1437-1450.

Porter J, et al. (2007) Mechanisms of scent-tracking in humans. *Nat Neurosci* 10: 27-29.

新村芳人

東京大学大学院農学生命科学研究科特任准教授，JST ERATO 東原化学感覚シグナルプロジェクト グループリーダー．

1971 年生まれ．1994 年東京大学理学部物理学科卒業，1999 年東京大学大学院理学系研究科物理学専攻博士課程修了(理学博士)．国立遺伝学研究所研究員，ペンシルバニア州立大学研究員，東京医科歯科大学難治疾患研究所准教授などを経て，2013 年より現職．専門は分子進化学．

著書に『興奮する匂い 食欲をそそる匂い——遺伝子が解き明かす匂いの最前線』(技術評論社)，『化学受容の科学』(分担執筆，東原和成 編，化学同人)など．

岩波 科学ライブラリー 278

嗅覚はどう進化してきたか
——生き物たちの匂い世界

2018 年 10 月 26 日 第 1 刷発行
2020 年 1 月 15 日 第 2 刷発行

著 者 新村芳人(にいむらよしひと)

発行者 岡 本 厚

発行所 株式会社 岩波書店
〒101-8002 東京都千代田区一ツ橋 2-5-5
電話案内 03-5210-4000
https://www.iwanami.co.jp/

印刷 製本・法令印刷 カバー・半七印刷

ISBN 978-4-00-029678-6 Printed in Japan

● 岩波科学ライブラリー〈既刊書〉

253
巨大数
鈴木真治

本体一二〇〇円

アルキメデスが数えたという宇宙を覆う砂の数、仏典の最大数「不可説不可説転」、宇宙の永劫回帰時間、数学の証明に使われた最大の数……などなど、伝説や科学に登場するさまざまな巨大数の文字通り壮大な歴史を描く。

254
クモの糸でバイオリン
大﨑茂芳

本体一二〇〇円

クモの糸にぶら下がって世間を賑わせた著者が、今度はクモの糸でバイオリンの弦を……!? 暗中模索、数年がかりで完成した弦が、やがてストラディバリウスの上で奏でられ、大反響を巻き起こすまで、成功物語のすべてをレポート。

255
難病にいどむ遺伝子治療
小長谷正明

本体一三〇〇円

原因がわからず治療法もないなかで患者と家族を苦しめてきた遺伝性の難病。医学の進歩によって理解がすすみ、治療の希望が見えてきた。歴史的エピソードや豊富な臨床体験を交えながら、発見の臨場感をこめて綴る。

256
ゾンビ・パラサイト
ホストを操る寄生生物たち
小澤祥司

本体一二〇〇円

ホスト(宿主)の体を棲み処とするパラサイト(寄生生物)の中に、自分や子孫の生存にとって有利になるように、ホストの行動を操るものが進化してきた。ホストをゾンビ化して操るパラサイトたちの精妙な生態を紹介。

257
つじつまを合わせたがる脳
横澤一彦

本体一二〇〇円

作り物とわかっているのに自分の手と思い込む。目の前にあるのに見落としてしまう。いずれも脳のつじつま合わせが引き起こす現象。このおかげで、われわれは安心して日常を生きていられる? 脳と上手につきあうための本。

258
黒川信重
ラマヌジャン探検
天才数学者の奇蹟をめぐる
本体一二〇〇円

わずか三〇年ほどの生涯のなかで、天才数学者ラマヌジャンが発見した奇蹟ともいえる公式の数々。百年後もなお輝きを失わないどころか、数学の未来を照らし出す。奇蹟の数式の導出からその意味までを存分に味わえる本。

259
広瀬友紀
ちいさい言語学者の冒険
子どもに学ぶことばの秘密
本体一二〇〇円

ことばを身につける最中の子どもが見せる面白くて可愛らしい「間違い」は、ことばの秘密を知る絶好の手がかり。大人からの訂正にはおかまいなく、言語獲得の冒険に立ち向かう子どもは、ちいさい言語学者なのだ。

260
真鍋　真
深読み！　絵本『せいめいのれきし』
カラー版　本体一五〇〇円

半世紀以上にわたって読み継がれてきた名作絵本『せいめいのれきし』。改訂版を監修した恐竜博士が、長い長い命のリレーのお芝居の見どころを解説します。隅ずみにまで描き込まれたしかけなど、楽しい情報が満載です。

261
窪薗晴夫 編
オノマトペの謎
ピカチュウからモフモフまで
本体一五〇〇円

日本語を豊かにしている擬音語や擬態語。スクスクとクスクスはどうして意味が違うの？　外国語にもオノマトペはあるの？　モフモフはどうやって生まれたの？　八つの素朴な疑問に答えながら、その魅力に迫ります。

262
千葉　聡
歌うカタツムリ
進化とらせんの物語
本体一六〇〇円

地味でパッとしないカタツムリだが、生物進化の研究においては欠くべからざる華だった。偶然と必然、連続と不連続……。行きつ戻りつしながらもじりじりと前進していく研究の営みと、カタツムリの進化を重ねた壮大な歴史絵巻。

定価は表示価格に消費税が加算されます。二〇二〇年一月現在

●岩波科学ライブラリー〈既刊書〉

263 徳田雄洋
必勝法の数学
本体一二〇〇円

将棋や囲碁で人間のチャンピオンがコンピュータに敗れる時代となってしまった。前世紀、必勝法にとりつかれた人々がはじめた研究をたどりながら、必勝法の原理とその数理科学・経済学・情報科学への影響を解説する。

264 上村佳孝
昆虫の交尾は、味わい深い…。
本体一三〇〇円

ワインの栓を抜くように、鯛焼きを鋳型で焼くように——!? 昆虫の交尾は、奇想天外・摩訶不思議。その謎に魅せられた研究者が、徹底した観察と実験で真実を解き明かしてゆく、サイエンス・エンタメノンフィクション!【袋とじ付】

265 山内一也
はしかの脅威と驚異
本体一二〇〇円

はしかは、かつてはありふれた病気で軽くみられがちだ。しかしエイズ同様、免疫力を低下させ、脳の難病を起こす恐ろしいウイルスなのだ。一方、はしかを利用した癌治療も注目されている。知られざるはしかの話題が満載。

266 鎌田浩毅
日本の地下で何が起きているのか
本体一四〇〇円

日本の地盤は千年ぶりの「大地変動の時代」に入った。内陸の直下型地震や火山噴火は数十年続き、二〇三五年には「西日本大震災」が迫る。市民の目線で本当に必要なことを、伝える技術を総動員して紹介。命を守る行動を説く。

267 小澤祥司
うつも肥満も腸内細菌に訊け!
本体一三〇〇円

腸内細菌の新たな働きが、つぎつぎと明らかにされている。つくり出した物質が神経やホルモンをとおして脳にも作用し、さまざまな病気や、食欲、感情や精神にまで関与する。あなたの不調も腸内細菌の乱れが原因かもしれない。

268 ドローンで迫る 伊豆半島の衝突
小山真人
カラー版 本体一七〇〇円

美しくダイナミックな地形・地質を約百点のドローン撮影写真で紹介。中心となるのは、伊豆半島と本州の衝突が進行し、富士山・伊豆東部火山群・箱根山・伊豆大島などの火山活動も活発な地域である。

269 岩石はどうしてできたか
諏訪兼位
本体一四〇〇円

泥臭いと言われつつ岩石にのめり込んで70年の著者とともにたどる岩石学の歴史。岩石の源は水かマグマか、この論争から出発し、やがて地球史や生物進化の解明に大きな役割を果たし、月の探査に活躍するまでを描く。

270 広辞苑を3倍楽しむ その2
岩波書店編集部編
カラー版 本体一五〇〇円

各界で活躍する著者たちが広辞苑から選んだ言葉を話のタネに、科学にまつわるエッセイと美しい写真で描きだすサイエンス・ワールド。第七版で新しく加わった旬な言葉についての書下ろしも加えて、厳選の50連発。

271 サンプリングって何だろう
統計を使って全体を知る方法
廣瀬雅代、稲垣佑典、深谷肇一
本体一二〇〇円

ビッグデータといえども、扱うデータはあくまでも全体の一部だ。その一部のデータからなぜ全体がわかるのか。データの偏りは避けられるのか。統計学のキホンの「キ」であるサンプリングについて徹底的にわかりやすく解説する。

272 学ぶ脳
ぼんやりにこそ意味がある
虫明 元
本体一二〇〇円

ぼんやりしている時に脳はなぜ活発に活動するのか？ 脳ではいくつものネットワークが状況に応じて切り替わりながら活動している。ぼんやりしている時、ネットワークが再構成され、ひらめきが生まれる。脳の流儀で学べ！

定価は表示価格に消費税が加算されます。二〇二〇年一月現在

●岩波科学ライブラリー〈既刊書〉

273 **無限**

イアン・スチュアート　訳 川辺治之

本体一五〇〇円

取り扱いを誤ると、とんでもないパラドックスに陥ってしまう無限を、数学者はどう扱うのか。正しそうでもあり間違ってもいそうな9つの例を考えながら、算数レベルから解析学・幾何学・集合論まで、無限の本質に迫る。

274 **分かちあう心の進化**

松沢哲郎

本体一八〇〇円

今あるような人の心が生まれた道すじを知るために、チンパンジー、ボノボに始まり、ゴリラ、オランウータン、霊長類、哺乳類……と比較の輪を広げていこう。そこから見えてきた言語や芸術の本質、暴力の起源、そして愛とは。

275 **時をあやつる遺伝子**

松本 顕

本体一三〇〇円

生命にそなわる体内時計のしくみの解明。ショウジョウバエを用いたこの研究は、分子行動遺伝学の劇的な成果の一つだ。次々と新たな技を繰り出し一番乗りを争う研究者たち。ノーベル賞に至る研究レースを参戦者の一人がたどる。

276 **「おしどり夫婦」ではない鳥たち**

濱尾章二

本体一二〇〇円

厳しい自然の中では、より多く子を残す性質が進化する。一見、不思議に見える不倫や浮気、子殺し、雌雄の産み分けも、日々奮闘する鳥たちの真の姿なのだ。利己的な興味深い生態をわかりやすく解き明かす。

277 **ガロアの論文を読んでみた**

金 重明

本体一五〇〇円

決闘の前夜、ガロアが手にしていた第1論文。方程式の背後に群の構造を見出したこの論文は、まさに時代を超越するものだった。簡潔で省略の多いその記述の行間を補いつつ、高校数学をベースにじっくりと読み解く。

定価は表示価格に消費税が加算されます。二〇二〇年一月現在